U0815873

智慧门

修身卷

ZHIHUIMEN
XIUSHENJUAN

左名涛 ◎ 主编

华中师范大学出版社

新出图证(鄂)字 10 号

图书在版编目(CIP)数据

智慧门. 修身卷/左名涛主编. —武汉:华中师范大学出版社,2023.9
(智慧门丛书)
ISBN 978-7-5769-0165-8

Ⅰ.①智… Ⅱ.①左… Ⅲ.①人生哲学—中国—古代 Ⅳ.①B821

中国国家版本馆 CIP 数据核字(2023)第 126257 号

智慧门 · 修身卷

ⓒ左名涛 主编

编辑室:综合编辑室 **电话**:027-67867370
责任编辑:张晶晶 **责任校对**:方统伟 **封面设计**:胡 灿
出版发行:华中师范大学出版社有限责任公司
社址:湖北省武汉市洪山区珞喻路 152 号 **邮编**:430079
电话:027-67861549(发行部) **传真**:027-67863291
网址:http://press.ccnu.edu.cn **电子邮箱**: press@mail.ccnu.edu.cn
印刷: 湖北恒泰印务有限公司 **督印**: 刘 敏
开本: 710mm×1000mm 1/16 **印张**: 27.5 **字数**: 300 千字
版次: 2023 年 9 月第 1 版 **印次**: 2023 年 9 月第 1 次印刷
定价: 98.00 元

欢迎上网查询、购书

前　言

《礼记·大学》云："古之欲明明德于天下者，先治其国；欲治其国者，先齐其家；欲齐其家者，先修其身；欲修其身者，先正其心；欲正其心者，先诚其意；欲诚其意者，先致其知，致知在格物。物格而后知至，知至而后意诚，意诚而后心正，心正而后身修，身修而后家齐，家齐而后国治，国治而后天下平。"于是后人据此将完美的人生追求概括为：修身齐家治国平天下。修身是齐家治国平天下的前提和基础。这几者之间的逻辑关系和辩证关系，我们今天看来亦不过时。

大冶人左名涛，出生于1960年代，80年代末就读于中央政法干部管理学院，大专学历。曾当过公务员，做过国企领导，后来下海经商，创建了五岳房地产开发公司，历任中浔、英翔、天湾矿业、智慧门等公司董事长。作为一名儒商，积聚了一定财富后，左先生出资襄助了诸多文化项目，出版"智慧门丛书"就是其"文化工程"之一。这套书打算推出五卷，分别为修身卷、齐家卷、立德卷、立功卷、立言卷。左先生认为：世间之人都在追求名利，追求幸福快乐，追求高贵，追求获得尊重的感觉。但很多人并不知道，要得到这些就必须依靠智慧和方法的加持与推进。事业的不成功首先应该考虑自己的修行是否到位，再考虑自己的方法是否得当。因而他推出“智慧门丛书”的主要目的就是让更多的人知道所有那些“追求”必经的过程与步骤，即首先要明白修身是起步的根基；齐家是通往智慧门的最初历练，立德是通往智慧门的车船路桥，立功是通往智慧门的方法和速度，立言是通过智慧门的许可证。总之，如果把人生比喻为直上青云的火箭，那么进入智慧门才能真正启动人生云路的发射按钮。

这套书的编辑体例也颇有讲究。首先是推出一条语录作为“原典”，接着指明其“出处”，有出自经史子集的，也有来源于网络的，还有一些是作者原创的；再接下来是“译文”，最后是“故事解读”。这样就给了读者以清晰的脉络层次，便于其递进式地理解和消化。

“修身卷”乃是开卷尝试，编委们召开过若干会议，最后确定此后的各卷“原典”选取范围将拓展到经史子集各部之中，特别是对诗词、楹联将加大选取量，以体现其经典型与权威性。

现在所选的修身“原典”，无不充满着智慧光芒。比如“心悦则物美，心悲则物哀”条，其语出《贞观政要·礼乐》，讲的是：心情愉快，万物可爱；心态扭曲，万物可憎。故事解读部分选取了唐代诗人刘禹锡的故事：刘禹锡因参与变法，被贬到偏远的西蜀之地长达二十多年，虽然在政治上再难有所作为，但他没有一蹶不振，反而一如既往地保持着乐观旷达的心态，热情地投入到民歌的搜集整理当中。从这些民歌俚曲中，他感受到了别样的生活之美，也给我们留下了《竹枝词》等优美的篇章。再比如“居安须思危，戒奢必以俭”条，其语出自唐代魏征《谏太宗十思疏》，讲的是：虽然处在平安的环境里，也应想到有出现危险的可能，必须要戒掉奢侈的习惯，厉行节俭。故事解读部分选取了战国时季文子节俭的故事：季文子是鲁国贵族，三世为相，却以节俭为立身之本，有个叫仲孙它的人劝他改变一下生活方式，他却认为国家还有百姓挨饿受冻，他于心不忍，况且国家的光荣，应该通过臣民高洁的品行来体现，而不是通过奢靡的生活来评定。仲孙它十分羞愧，从此也效仿季文子，过上了简朴的生活。还比如"疾风知劲草，板荡识诚臣"条，其语出自唐代李世民《赐萧瑀》，讲的是：只有经过疾风的考验，才会知道什么是有韧劲的草；只有在社会动荡中，才能分辨出谁是忠臣。故事解读部分选取了萧瑀劝谏李渊交权的故事：萧瑀是隋炀帝之萧皇后的同母兄弟，为人刚正不阿，光明磊落。有这样几件事足供证明：其一，对跟他从小一起长大的隋炀帝的骄奢无道，屡次劝谏，炀帝大为恼火，将其贬为河池太守。其二，唐高祖武德六年，李建成和李元吉密谋杀害李世民未成，又向李渊诬陷李世民，李渊听信后，打算惩处李世民。值此时刻，萧瑀不畏杀头之祸，不受李建成和李元吉许以高官厚禄的诱惑，据理力劝，才打消了李渊惩处李世民的念头。其三，玄武门之变后，国势尚未平息，萧瑀又冒险劝李渊把政权交给李世民。一系列事件让李世民了解并认可了萧瑀的为人，因而赐诗曰："疾风知劲草，板荡识诚臣。"这些警句以及解读故事或如春风化雨，沁人心脾；或如苦口良药，医人痼疾；或如醒世洪钟，振聋发聩。学而时习之，必将惠及我们终生乃至子子孙孙。

后续的四卷将陆续推出，其内容、体例也将根据第一卷出版后的反响进行完善，力争把这套书做成能够传之后世的精品，成为人们日常生活的案头书、床头书和口袋书。

我们有理由相信，这套书的出版将有助于有心的读者开启智慧之灵窍，扬起生活之风帆，最终到达理想之彼岸！

段　维

辛丑年除夕于文泉书苑

目　　录

万晓英

王玲

王艳婷

王斐斐

邓涛

邓琼

刘辉

刘义豪

刘婕琳

严泓

李颖尧

何力

陈丽娟

陈永梅

陈静

赵玉祥

胡希

柯亚南

姜江

姜三

姜彬

姜晴岚

贾岱威

夏亚妮

徐海晏

徐瑛

高寒

郭庆刚

程庆奎

程季玲

万晓英

【原典】

庙不可言，心有所住。

【出处】

《意林》2020 年第 11 期。

【译文】

无论你生活在哪个国家，无论你的工作是什么……这些都不重要。重要的是你自己的状态，你最在乎什么。如果你真的决定投身于某个行业或某项事业，你就要认真起来。你要慈悲地面对你的心，你要善待自己的选择。读书是为了享受他人的思考，同时激发自己的思考。这背后都暗藏着美的激情。真正热爱思考的人会知道自己的方向。所以说，重要的是你把心放在哪一个时代，而不是把身放在哪一座庙。庙不重要，重要的是你的心，以及你所相信并热爱的一切。

【故事解读】

失散多年的两兄弟在路上碰着了。弟弟在庙里做和尚，不过据他说这庙是一个老板为了赚钱花五千万元建的，算是投资，三五年就能收回本钱。为此，和尚们还要上班打卡。哥哥听后便说，弟弟你不要去做假和尚了，那是一座假庙，有什么皈依可言？弟弟却回答说："虽说是假和尚，但我心里早已皈依了……"

世间本来就没真庙假庙。一天，一位破衣烂衫的老太，腿都残疾了，她知道县里有了庙，就爬着来进香。在山门口，她虔诚磕头，非常幸福。庙是假的，她的虔诚和幸福是真的。真庙假庙都是一种虚妄。

【原典】

生气不如争气。

【出处】

《意林》2020 年第 11 期。

【译文】

真正的君子，不在情绪上较高下，只在能力上争输赢。格局越大的人越明白，斗气是最无用的消耗，斗志才是最成熟的表现。脾气越大，身体越差；脾气越温，福报越深。

生气不如争气，不轻易大动干戈，是最好的修行。

【故事解读】

苏秦游说各国失败后，用光了身上的钱，只能心灰意冷地回家。可是，回到家中后，妻子不理他，哥嫂不给他饭吃。苏秦没有与任何人争辩，他只是闭门不出，拿出之前的书，一本本重新苦读。

学成后，苏秦再次出山，成功游说了六国合纵，佩带六国相印，执掌六国之军，扼虎狼之秦国十五年不敢出函谷关。

【原典】

拿得起，也放得下。

【出处】

《意林》2020 年第 11 期。

【译文】

已经过去的事情，再去计较又有什么用呢？如果做不到原谅，选择放下其实也是对自己的一种救赎。

一颗心的容量是有限的，装下了仇恨，便装不进太多的爱与温暖。

【故事解读】

宋朝的苏轼与章惇曾经是好友，后来成为政敌，多有过节。苏轼被贬到遥远的海南，也与受到章惇迫害有关。

当时的海南是一片莽荒之地，经常有毒蛇出没、瘴气包围。被贬谪到此的人，常常凶多吉少。年迈的苏轼每日吃着粗陋的饭食维持生活，恶劣的气候环境也一直在折磨着他。

后来，宋徽宗继位，苏轼得到诏命被赦免，他终于可以离开海南了。而当年加害他并把他流放到海南的章惇却被罢免流放了。

章惇的儿子担心苏轼打击报复他们一家，就给苏轼写信，恳请他网开一面。苏轼非但没有报复这位曾经迫害他的人，反而给他寄去药方，要他保重身体。苏轼在给章惇儿子的回信里写了这样一句话：但以往者，更说何益。

【原典】

一顿吃一个饱。

【出处】

《意林》2020 年第 11 期。

【译文】

现代文明，人欲横流，世人对种种物质一味贪求，求之不得，痛苦烦恼生焉。即便求之而得，也是除了有钱，其他什么也没有，精神与灵魂空空如也。但求一饱，此中有乐有信仰，贪得无厌，所得越多越可怜。与百般计较千般索求的世人比，这和尚只怕才是真懂享受人生的：一顿吃一个饱。

【故事解读】

知堂文章曾引《醉余随笔》中一则云：“去年游西湖深处，入一破寺，见一僧负锄归，余揖之曰，阶上冬瓜和尚要他何用？僧曰，只是吃的。曰，恐吃不下许多。曰，一顿吃一个饱。曰，和尚也要饱。曰，但求一饱，便是和尚。至今思之，此僧不俗。”

【原典】

形直则影端。

【出处】

唐代王勃《上刘右相书》。

【译文】

“形”指身体，姿势正而美，其“影”自然而然地就会“端正”。正直的心出自端正的姿势。

保持正直的姿势，不仅有益于健康，也非常有益于振奋精神。走路不要弓背低头，一定要昂首挺胸。

【故事解读】

平时保持姿势端正，你的内心也会端正起来。姿势给精神带来的影响是非常大的。有个词叫“行住坐卧”，指的是人们日常举止的四个基本动作。

日常的一举一动美了，心灵也就美了。注意自己日常生活中的一举一动，这样周围人对你的印象会大为改观，你看自己的眼光也会发生变化。

绝不要忘记，形端则心变。

【原典】

物我合一，宇宙世间在现象上尽管千差万别，在禅的本体上，还是一个。

【出处】

《意林》2020年第16期。

【译文】

外在的山河大地，映射着我们内心的山河大地；外在的大千世界，影响着我们内心的世界。物与我之间，没有分别。我们如果把物、我调和起来，好比一棵树，虽然接受同样的阳光、空气及水分，各枝叶却有不同的生机，彼此可以无碍地共存于同一棵树。因此，宇宙世间在现象上尽管千差万别，在禅的本体上，还是一个。

【故事解读】

宋朝诗人苏轼（东坡）和秦观（少游）都很有才华，又很自负，经常在一起谈学论道，互不相让。

一天，苏东坡和秦少游在吃饭时，正好看到桌上有一只虱子。两人为虱子来源于何处争论不休，最后决定第二天去请教佛印禅师，以作公断。

苏东坡求胜心切，私下先去找佛印禅师，请他务必“帮忙”说虱子是人体的垢秽变的。苏东坡走了以后，秦少游也来找佛印禅师，请他说虱子是衣服的棉絮里生出来的。

佛印禅师分别答应了他们，苏、秦二人都自觉稳操胜券。

第二天三人见面时，佛印禅师说：“虱子的头是从人体的垢秽中生出来的，虱子的脚是从衣服的棉絮里长出来的。”

【原典】

敢于正视自己的错误，并懂得及时修正错误，这就是最好的绝技。

【出处】

《意林》2020 年第 7 期。

【译文】

在工作和生活中，要想做好自己的本职工作、学好真正的技艺、掌握一门学问，重要的是敢于正视自己的不足和错误，知道了自己的不足、了解到自己的缺点后，及时去弥补不足、修正错误，这就是最好的绝技。只有这样，才能真正掌握知识，学会本领，学会一技之长。

【故事解读】

有一位玉雕大师，他的雕刻技艺十分了得。不管多难雕刻的玉石，到了他的手上，都能变得精美绝伦。一个年轻人得知大师的美名后，不远千里来向大师学习玉雕技艺。大师见他很有诚心，便答应了。年轻人跟随大师学习了很多年，虽然他也掌握了不少玉雕技术，但是他的作品始终没有大师的好。他认为：大师只教给了他诸如下刀的力度、打磨的角度之类的基本东西，真正的绝技始终不肯传授给他。

一天，大师给了他一块上好的玉，让他雕刻一只大龙虾。他在雕刻过程中不小心下偏了一刀，留下一道难看的刀疤。年轻人吓得不知所措，去向大师请罪。大师接过玉件，很快就在刀疤处雕刻出一只活灵活现的小鱼来，整块玉也因为这条小鱼而变得熠熠生辉。

【原典】

让幸福寻找你。

【出处】

《意林》2012 年第 3 期。

【译文】

如果你能成功地选择劳动，并把自己的全部精神灌注到它里面去，幸福就会找到你。

【故事解读】

美国哈佛大学、加利福尼亚大学和杜克大学的研究人员共同进行了一项实验：把参加实验的对象分成两组，一组每人赠送一件高档工艺品，另一组则把赠送给第一组的工艺品给他们作为模型，再提供给他们各种材料，要求他们自己动手模仿制作。结果显示，第一组的几乎所有人高兴劲儿持续时间极短，相反，第二组的人自己动手制作拼装完成这件物品后，感觉非常享受，更加自豪、舒服、快乐，且对这件物品的依恋和珍惜程度大为增加——即使东西做得并不精美，也舍不得丢掉它。此外，在不知道商品实际价格的情况下，对自己亲手完成的物品估价会平均增加 62％左右，最高的增加 5 倍。

【原典】

节省时间，也就是使一个人有限的生命更加有效，也等于延长了人的生命。

【出处】

《意林》2020 年第 3 期。

【译文】

几乎所有的成功者，他们对待人生、对待自己的生命无不有一种超强的紧迫感与一种挑战极限的竞赛意识——与生命竞赛。

【故事解读】

美国大发明家爱迪生 80 来岁时，还在废寝忘食地拼命工作。他有一次接受采访，记者问：“您多大年纪了？”“160 多岁。”爱迪生脱口答道。记者愕然，不解地看着爱迪生。爱迪生见状，爽朗大笑，接着说：“我每天工作大约超过 15 个小时，这就相当于我一天做着两天的工作，或者是一个人做着两个人的工作，因此，我的年龄应该加倍啊！”

【原典】

学会自信。

【出处】

《意林》2012 年第 2 期。

【译文】

自我信心的暗示，它能让一个人拥有难以想象的意志力。的确，只有信心百倍的人，才可以做到全力以赴于自己的既定目标，并且十之八九成功在握。

【故事解读】

世界重量级拳王佛雷萨，在赛场上常常能出奇地反败为胜，是观众一致认可的最有欣赏性的选手。

1978 年，佛雷萨举办 70 岁生日宴，许多新闻媒体闻讯而至，其中有记者问："尊敬的佛雷萨先生，你是第一个打败传奇拳王阿里的人，不妨给我们披露一下你的克敌之道?"佛雷萨笑着回答说："我有一个很特殊的习惯，每当比赛快要来临的前几天，会把一张醒目地写有'Yes，I Can'的大大的纸条贴在卧室的天花板上。我认为，像这样时刻激励自己，让自己充满必胜的信心走上赛台，即使遭到对手狠命的一击，脑中也会因闪现那几个字而瞬间产生不可思议的力量，支撑着自己更强大地站立起来，神话般力挽狂澜，置敌于'死'地。"

【原典】

人生就像三种马。

【出处】

《意林》2012 年第 5 期。

【译文】

自觉性强的人，无须他人督导，便能成才；自觉性稍差的人，经过他人循循善诱，也能成就一番事业；唯有那些天性自制力差，不严于律己，还将他人劝诫抛之脑后的人，注定庸庸碌碌，一事无成。

【故事解读】

一日，偶遇一位驯马人，此人一生以驯马为业。经他训练过的马数不胜数。老人年近古稀，头发胡子都白了。他沉吟半晌说道："我一生调教过无数匹马，但大致算起来，可分作三类。第一种马，聪慧有灵性，它们能自觉地调整步伐与方向，无须主人下令，便能顺利前行。即使遇上险滩断崖，它们也能化险为夷，这种马是成才的上上之选。第二种马，自觉性略次之，但稍加鞭策，它们也会知进退，可成才。第三种马，天性懒惰，对主人的命令置若罔闻，即使鞭策再三，它们也不肯前进一步，更有甚者还会后退，此马注定不能成器。"

【原典】

致力于施舍而不糟蹋多余财物的人，是圣人。

【出处】

《意林》2012 年第 5 期。

【译文】

世界上的每个人都可以成为圣人，只要有一颗善良的爱人之心。一个人做了什么比他想了什么更重要，因为高尚的行为，远胜过高尚的动机。

【故事解读】

孔子带着弟子们周游列国，这一次来到楚国，还没等熟悉这里的风俗。一位渔夫就提着一条大鱼登门，声称要把鱼献给孔子，孔子明确地表示不能接受。

渔夫并不是个能言善道的人，一听孔子不要，脸涨得通红，着急地说："天气热，到远处市场上去卖没有卖掉，很想把它丢掉，可这样还不如奉献给你好。"

弟子中有一人实在忍不住，插嘴说："你是因为卖不掉，扔掉可惜，才想到给老师送来的啊，我们要了你的鱼，不就跟臭水沟一样了吗？成了你扔鱼的地方，你还是拿走吧！"

渔夫的脸更红了，刚想争辩，孔子站起身，向他拜了两拜，恭敬地把鱼接了过来，说："谢谢你的礼物，我不能不接受你的心意。"弟子们不懂老师的用意。

孔子说："我听说过致力于施舍而不糟蹋多余财物的人是圣人。现在我接受了圣人的赏赐，怎能不祭祀呢？"

【原典】

合作才能共赢。

【出处】

《意林》2012 年第 5 期。

【译文】

合作不仅是一种积极向上的心态，更是一种智慧。一个人纵使才华横溢、能力超群，如果不能较好地融入社会，不善于跟周围的人沟通、协作，他就不会在成功的路上走很远，更无法实现自己的理想与目标。相反，你只有照顾和维护别人，别人才会感恩并回报你一份善意。别人因你而温暖，你也会因别人而享受到阳光。

【故事解读】

植物世界中，地衣的生命力是首屈一指的。据实验，地衣在零下 7 摄氏度时还能生长，在真空条件下放置 6 年仍保持活力，在比沸水高一倍的温度下也能生存。因此无论沙漠、南极、北极甚至大海龟的背上，我们都能看到地衣的身影。

地衣为什么有如此顽强的生命力？经过长期研究，人们终于揭开了“谜底”。原来地衣不是一种单纯的植物，它是由两类植物“合伙”组成的，一类是真菌，另一类是藻类。真菌吸收水分和无机物的本领很大，藻类具有叶绿素，它以真菌吸收的水分、无机物和空气中的二氧化碳为原料，利用阳光进行光合作用，制成养料，与真菌共同享受。这种紧密的合作，就是地衣有如此顽强的生命力的秘密。

【原典】

不要让需要你的人觉得你太好，而是要让他觉得这个世界很美好。

【出处】

《意林》2012 年第 5 期。

【译文】

当一个人陷入困境的时候，与其给他一点施舍让他记得你的好，不如让他觉得这个世界很美好，给他站起来的信心和力量。

【故事解读】

温莎镇位于伦敦以西 22 英里，濒临泰晤士河南岸，因女王行宫温莎堡在此而著名。

最让游客慕名而来的是当地有一块“自省碑”。

原来，小镇曾发生一起谋杀案。死者是出了名的好好先生，在一所私立学校任教，没有妻子儿女，没有仇人，甚至不曾和任何人拌过嘴。他每天按时上下班，每周按时做礼拜。而且，他还经常帮助困难的人。所以，这起案件让警察始终无法找到凶手。

直到 30 年后案情才告破，杀人犯竟然是当地大名鼎鼎的企业家艾维尔。更离谱的是，艾维尔曾经是一名乞丐，那位好好先生曾多次救助他。当警察问艾维尔的杀人动机时，艾维尔说：“一个人的成功来自他的不满足。只有不满足于现状、面临生存压力，才会最大限度地发挥自己的能量。别人的慈善会让我觉得满足，觉得不争取也能活下去。他每天给我一点钱，实际上是在害我。如果他不死，我就永远不能站起来。”

【原典】

信誉重于生命。

【出处】

《意林》2012 年第 4 期。

【译文】

信誉是做人之根本、立业之基，失信就等于失败。很多时候，一个人的成功，靠的不是自己有多高的学识与能力，而是我们所推崇的这种常被我们绝大多数人忽视甚至不屑的信誉。

【故事解读】

巨人集团董事长史玉柱是个具有传奇色彩的人物。他曾经是莘莘学子万分敬仰的创业天才，仅 5 年时间就跻身福布斯中国财富榜第 8 位。但他也曾是无数创业者引以为戒的失败典型，一夜之间负债高达 2.5 亿。如今他又是一个著名的东山再起的典型，一跃成为保健巨鳄、网游新锐及身价数百亿的企业家。有记者问：当初为何没有在企业倒下时申请破产，以独善其身？史玉柱回答说，企业家最根本的财富就是信誉，其重于生命。申请破产必然会涉及信誉，一旦信誉丧失殆尽，以后就根本不可能在商界再有哪怕是方寸的立足之地了！

【原典】

一切皆由你的心态决定。

【出处】

《意林》2012 年第 4 期。

【译文】

你的心态就是你的主人。人与人之间所有的一切，本无多大的区别，人生最后的千差万别大多源于心态。

积极的心态能帮助我们获取健康、幸福和财富。反之，你只能一辈子与疾病、痛苦和穷困为伍。这正如一位伟人所说："要么你去驾驭生命，要么生命驾驭你，你的心态决定谁是坐骑，谁是骑师。"

【故事解读】

美国斯坦福大学心理学教授安德·查基要求 1000 名 50～80 岁的人在 24 小时内分 4 次描述自己生活中的心态变化，包括快乐、兴奋、满意、烦恼、焦虑或担忧。之后，安德·查基对被试者展开了 5 年的跟踪调查。结果发现，自诉最不快乐的 2/3 被试者死亡率超过 8%，事业成功率低于 10%，家庭和谐率只有 23%。自诉最快乐的近 2/3 的被试者同期死亡率仅为 3%，事业成功率高达 80%，家庭和谐率在 90%以上。

【原典】

满盈者不损何为。

【出处】

《意林》2011 年第 10 期（上）。

【译文】

哪有自满而不翻倒在地的呢？其实，人亦如此，殊不知“功有所不全，力有所不任，才有所不足，则满盈者，不损何为？”

【故事解读】

一天，孔子带弟子们参观鲁桓公的庙堂，看见一只器皿。孔子问守庙人：“这是什么器皿？”守庙人说：“这是一只放在座位右边的器皿。”孔子说：“听说这种器皿，里面空着的时候就倾斜，不空不满的时候就端正，灌满了水的时候就倾覆，真的吗？”守庙人点头言是。孔子回头对弟子们说：“不妨灌水试一下。”弟子们便往器皿里舀水，结果确实如此：里面不空不满时端正，水满时倾覆，空时倾斜。

【原典】

用心专一，就可以与神工相比。

【出处】

《意林》2011 年第 11 期（上）。

【译文】

我们不管做什么事，都要用心专一。只要刻苦练习，专心致志，长期下来，没有什么是做不到的，就可以与神工相比。

【故事解读】

一天，孔子经过一片树林时，见到一位驼背老人拿着一根竹竿正在捕捉树上的蝉。这种长竹竿顶端装有胶状物，靠它把蝉粘住。驼背老人捉起蝉来十分熟练，就好像随手拾物一样容易。孔子不禁赞叹道："你捕蝉可有什么诀窍吗？"捕蝉的驼背老人说："我有诀窍呀。为了提高捕蝉的技艺，我在竹竿顶端叠上丸子，每日练习使丸子不跌落下来。经过五六个月的苦练，再将竹竿顶端叠上两个丸子，每日练习到可以不掉下来，这时候，捕起蝉来就极少失手了；等到竹竿顶上叠上三个丸子而不掉下来，那么失手的机会只有十分之一；摞上五个丸子而不掉下来，捉起蝉来，就像现在这样熟练了。我捕蝉时身体的姿势，就像树墩一样静止不动，我控制住我的手臂，就像枯干的树枝一样。尽管天地这么大，万物这么多，而我所知道和顾及的只有蝉的双翼。我不旁顾他物，不因为其他的东西而转移对蝉翼的注意力，怎么会捕捉不到蝉呢？"

【原典】

人性最深刻的原则就是希望别人对自己加以鼓励，这样不仅让自己有进取之心，更重要的是能产生不断超越与突破的动力。

【出处】

《意林》2012年第5期。

【译文】

自古以来，十之八九的成功者奋发努力的背后，必有数倍的鼓励。

【故事解读】

电话发明家贝尔在一次实验中无意间发现电流接通和断开时，螺旋线圈会发出噪声。贝尔对这一有趣的现象非常重视，他寻思着是不是可以用电传递声音。然而他把自己的想法与几位要好的朋友交流时，他们却都嗤之以鼻，其中有一位电报技师更是毫不留情地挖苦说："正常人的胆囊是附在肝脏上的，而你的肝脏却长在胆囊里。"最后，还送给他一顶"异想天开"的帽子。这无疑犹如一盆冷水从头浇到脚，使贝尔的心凉透了。但时隔不久，著名的电学家约瑟夫·亨利知道后，对他坚定地说："干吧，年轻人，你的设想真的很惊人，了不起！"当贝尔胆怯地说自己不大懂电学时，约瑟夫·亨利又郑重地告诫道："掌握它！"多年后，贝尔回忆说："如果没有约瑟夫·亨利那两句令人特受鼓舞的话，我根本没有勇气去潜心于我的设想，也就发明不了电话！"

【原典】

胜利在于多变性思维之中。

【出处】

《意林》2012 年第 4 期。

【译文】

日常生活中，我们遇到难题时，不可在原地打转，直的行不通，那就弯着来，胜利在于多变性思维之中，总有解决问题的好方法。

【故事解读】

据传，20 世纪末，某地的一个文化馆翻修扩建，原文化馆附近的居民要迁移 100 户。按当时当地的商品房价格，每套住房最低大约 20 万元，总计投资需 2000 万元。而当地市政府只批拨了 1400 万元，还差 600 万元，这对于文化馆来说，缺口简直就是个天文数字。

后来，有人给他们出了个高招：避开市中心昂贵的房价，到郊区购买 100 套房子。同时，为解决居民的交通问题，再购买 100 辆某品牌小汽车，一并分送给那些拆迁户。经过核算，郊区的一套住房售价 3 万多，一辆小汽车 4 万多，二者加起来还不到 8 万元，100 户居民只要花费 800 万元就可以安置妥善。这样，市政府的 1400 万元不仅满足了拆迁需要，还节余下 600 万元，一个看起来硕大无比的难题就这么迎刃而解了。

王玲

【原创】

少小须勤力，光阴不待人。

【译文】

“少年易老学难成，一寸光阴不可轻”，我们从小就应该勤奋学习，珍惜时光。在日常生活中靠天才能做到的事情，靠勤奋同样能做到；靠天才不能做到的事情，靠勤奋也能做到。

【故事解读】

王冕小时候，父亲叫他放牛，他却偷偷地跑到学堂去听学生念书。傍晚回家，把放牧的牛都忘记了。王冕的父亲生气地责罚他，过后他仍是这样。后来王冕寄住在寺庙里，每到夜里，他坐在佛像的膝盖上，手里拿着书册，就着佛像前长明灯的光诵读，一直读到天亮。王冕发愤学习，最后终于成为一个博学的人。

【原创】

天才何足恃，勤学出真知。

【译文】

“宝剑锋从磨砺出，梅花香自苦寒来。”才华是刀刃，勤奋是磨刀石，再锋利的刀刃，若日久不用不磨，也会生锈，成为废物。如果你天资聪颖，勤奋可以发挥它的作用；如果你智力平庸，勤奋可以弥补它的不足。

【故事解读】

孔子一生一直勤学不辍，晚年的时候，他反复翻阅诵读难懂的《易经》，竟使连接竹简的牛皮条断了三次。后来，人们便用“韦编三绝”这句成语，来赞扬孔子勤奋好学的精神。

南朝的江淹，被人们视为天才，年轻的时候，他的诗和文章在当时就获得了极高的评价。可是，当他年纪渐渐大了以后，他的文章却不再出彩。原来他当官以后，一方面由于政务繁忙，另一方面由于仕途得意，不再用心学习，久而久之，文章自然就日渐逊色了。

【原创】

不放一日游嬉过，勤学苦思终有成。

【译文】

不要让哪怕一天的时间在游戏中度过，勤学苦思，一定会有成就。从古至今，凡是能够成就大事业大学问的人，无一不是经历了勤学苦思的砥砺。只有拼搏的汗水，才会反射事业的光芒，只有奋斗的年华，才会洋溢人生的欢乐。

【故事解读】

唐代书法家怀素从小家贫，练字买不起纸，于是他种了许多芭蕉树，用芭蕉叶当纸练字。芭蕉叶用完了，就每天写在木盘和木板上，日子久了，木盘和木板都穿了洞。怀素坚持不懈，刻苦练习，终于成了有名的大书法家。

【原典】

不坠青云志，有志山可移。

【出处】

改编自唐代王勃《滕王阁序》。

【译文】

志不真则心不热，心不热则功不贤。只有树立了远大志向，并朝着这个目标坚定不移地努力，成功终会向我们招手，哪怕是横亘在面前的大山，也能够被移走。

【故事解读】

传说古代有一位老人名叫愚公，家门前有两座大山挡住了路，他下决心要把山移走，另一位老人河曲智叟笑他太傻，愚公回答说：“我死了有儿子，儿子死了还有孙子，子子孙孙是没有穷尽的。这两座山可不会再增高了，终有一天要被凿平的。”愚公的决心感动了天帝，于是天帝派天神帮助他移走了两座山。

【原创】

但教人有志，白首犹未迟。

【译文】

古人云：“朝闻道，夕死可矣。”希望里蕴藏着极大的力量，能使志向和幻想成为事实。一个人如果胸无大志，即使有再壮丽的举动也称不上伟人；反之，如果能树立远大目标，即使年纪再大，也有实现它的一天。

【故事解读】

苏洵从小就不喜欢读书，一直游手好闲到二十多岁。有一次，苏洵在翻阅古人的文章时，看到古人珍惜时间、刻苦读书的故事，不禁感慨自己年近三十，虽然写过一些文章，却都是些平庸之作，于是他烧掉了自己之前的文稿，立志苦读，最后终于成了大学问家。

梁灏年轻时正好是五代十国中后期，战乱的环境使自幼喜爱读书的他难以专心致志地读书。后来他的儿子考中了状元，梁灏为了实现自己年轻时的理想，刻苦学习，博览群书，终于在 82 岁那年也考中了状元。

【原创】

男儿有志肝胆壮，懦夫无志声名丧。

【译文】

有理想在的话，地狱也是天堂。有希望在的话，痛苦也能变成欢乐。反之，一个胸无大志的人，或者是容易满足现状，停滞不前，庸庸碌碌地度过一生；或者是常常被名利、地位、享乐等外在因素干扰，最后毁了自己。

【故事解读】

司马迁遵从父亲的遗嘱，立志要写成一部史书。就在他着手写这部史书的第七年，因事被捕入狱，遭受了残酷的“腐刑”。受刑之后，他曾因屈辱痛苦打算自杀。可想到自己写史书的理想尚未完成，于是忍辱奋起，前后共历时 18 年，终于写成《史记》。

三国时，蜀国的刘备驾崩之后，皇帝的位置传给了他的儿子刘禅，丞相诸葛亮辅佐刘禅治理国家。可刘禅当了皇帝后，胸无大志，每天只会吃喝玩乐。诸葛亮去世之后，魏国马上派兵来攻打蜀国，刘禅还自愿投降，到魏国去当安乐公，继续过着吃喝玩乐的日子，完全忘记自己的国家已经灭亡了。

【原创】

得失荣辱寻常事，勿忘初心天下宽。

【译文】

荣辱与得失都是身外之物，拿得起，也要放得下。不要因为环境的恶劣怨天尤人，也不要因为一时的志得意满就忘掉了自己出发的初心。只有经得起各种诱惑和烦恼的考验，才算达到了最完美的心灵健康。

【故事解读】

陶渊明辞官隐居之后，家境贫寒，简陋的居室里空空荡荡，遮挡不住风雨和烈日，粗布短衣上打满了补丁，盛饭的篮子和饮水的水瓢里经常是空的，可是他还是安然自得。常常写文章来自娱自乐，他从不把得失放在心上，就这样过完自己的一生。

李存勖年轻时励精图治，东征西战，就连死敌朱温都很佩服他。可是建立了后唐之后，他认为父仇已报，中原已定，这样的心态使得他不再进取，开始骄奢淫逸起来。他常常面涂粉墨，穿上戏装，登台表演，不理朝政，最后直接将自己推上了灭亡之路。

【原典】

心悦则物美，心悲则物哀。

【出处】

唐代吴兢《贞观政要·礼乐》。

【译文】

心情愉快，万物可爱；心态扭曲，万物可憎。漠视身边已经拥有的，一味追求物质上的富有，精神却变得萎靡不振，这是何苦？境由心生，心情不好，就会失去感受人生的喜悦，情绪可协调，生活却不能从头再来。

【故事解读】

唐代诗人刘禹锡，因参与变法，被贬到偏远之地长达二十三年，虽然在政治上再难有所作为，但他没有一蹶不振，反而一如既往地保持着乐观旷达的心态，热情地投入到民歌的搜集整理当中。从这些民歌俚曲之中，他感受到了别样的生活之美，也给我们留下了《竹枝词》等优美的诗歌。

清代大将年羹尧，在平定西北部民族的叛乱中战功赫赫，显示出卓越的军事才能和管理才能，加上他曾是雍正夺得皇位的功臣，因此志得意满，不懂韬光养晦，最终遭到雍正的猜忌而被赐死。

【原典】

烦恼皆由心生起，淡看得失心自宽。

【出处】

佛教经典《金刚经》。

【译文】

有一句话叫作“境由心生”。你的心会影响你的行为举止，形成你的习惯、性格和外貌；心不再为外界所纷扰，却因自己的本性而变得善、美好、乐观、积极即可转换你的环境，你的认知变了，这个世界也不同了。

【故事解读】

唐代诗人韩愈因为阻止皇帝迎佛骨，被贬到了边远的潮州。韩愈并没有消沉，而是以积极的心态面对一切。他驱鳄鱼、修水利、释放奴婢、兴办学校，虽然只在潮州做了不到一年的地方官，却对潮州产生了深远的影响。潮州人民把韩愈祭鳄之处称为“韩埔”，渡口称“韩渡”，祭鳄之恶溪改名“韩江”，江对面的山称作“韩山”。千百年来“崇韩”的理念至今在这片土地上流淌不息。

【原创】

谦冲自牧川归海，恃才骄人步难行。

【译文】

一个人如果能够谦逊并加强自我约束，以礼待人，有才能的人就会像百川归海一样前来依附他，帮助他成就一番大事业；反之，如果倚仗自己的强大，瞧不起别人，就会招致失败。

【故事解读】

春秋时，秦国企图攻打郑国，军队行军通过周王城北门时，没有按照礼仪向周天子表示敬意。王孙满说："秦军举动轻狂而骄横，轻狂无礼就缺少谋略，骄横就不注意礼节。不注意礼节就会随随便便，缺少谋略会自己陷入困境。一定会失败。"果然，秦军无功而返，回国途中遭到晋国伏击，全军覆没。

许攸是袁绍的谋士，他曾向袁绍献计，不但未被采纳，反而遭到迫害。心灰意冷的许攸转而投奔曹操，曹操鞋子都来不及穿好就急忙跑出营帐迎接，许攸深受感动。后来许攸向曹操献计烧毁了袁绍的粮草，从而创造了"官渡之战"这个著名的以少胜多的战例。

【原典】

人无礼不生，事无礼不成。

【出处】

《荀子·修身》。

【译文】

“不学礼，无以立”，做人如果不讲礼仪，就将难以立足，做事如果不讲礼仪，必将举步维艰。知礼守礼，可以让我们在社交中成为受欢迎的人，也可以使国家在外交中获得别国乃至全世界的尊重。

【故事解读】

信陵君是战国四公子之一，以礼贤下士著称，他曾亲自赶车去接一个年迈的守门人侯嬴，并且将侯嬴又推荐给他的屠夫朱亥也待为上宾。后来赵国被秦国围攻，向魏国求救，正是朱亥帮助信陵君窃虎符，杀晋鄙，击败了秦国，解了赵国之围。

【原创】

父母生养恩深重，寸草终必报春晖。

【译文】

父母生养我们，恩情深重，我们应该尽自己的能力，回报父母的养育之恩。对孩子来说，父母的养育之恩要牢记在心，对于父母来说，孩子有一颗感恩的心，也是最值得欣慰的。

【故事解读】

黄香年方九岁时，便懂得了孝顺父母的道理。炎炎夏日到来时，他就用扇子对着父母的帐子扇风，让枕头和席子更清凉爽快，让父母可以更舒服地睡觉。到了寒冷的冬天，他就用自己的身体让父母的被子变得温暖，好让父母睡起来更暖和。黄香的事迹名播京师，被人称赞“天下无双，江夏黄香”。

【原典】

施恩本不求回报，自有余香常伴身。

【出处】

改编自宋代佚名《太上感应篇》。

【译文】

对需要帮助的人给予力所能及的帮助，本意虽不求人回报，但回报往往会在不经意中降临，这就是“授人玫瑰，手有余香”的道理。

【故事解读】

春秋时期，宣子在首阳山打猎，他看见一个叫灵辄的人非常饥饿，就将食物送给他吃，并为他另准备了饭和肉，让他带给自己的母亲。后来，灵辄做了晋灵公的武士。一次，灵公想杀宣子，灵辄在搏杀中反过来抵挡晋灵公的手下，使宣子得以脱险。

秦穆公走失了一匹马，岐山脚下的农民捉到后吃掉了，秦穆公的官吏想按照法律来处置他们。秦穆公却赦免了他们，还赐给他们酒喝。后来秦穆公被晋军围困，那些吃了马肉的人拿着锐利的武器拼死相救，最终帮助秦穆公擒获了晋侯，得胜回朝。

【原创】

士为知己当尽瘁，有恩不报世人嗤。

【译文】

滴水之恩，当涌泉相报，一个人不管取得多么值得骄傲的成绩，拥有多么崇高的地位，都应该饮水思源，尽心尽力报答别人的知遇之恩，有恩不报，必然会遭到世人的谴责。

【故事解读】

三国时期，刘备三顾茅庐请诸葛亮出山共商天下大事。刘备死后，后主刘禅继位，把国内的军政大权交给诸葛亮处理。诸葛亮联吴伐魏，南征孟获，在最后一次北伐前夕写了《后出师表》表达自己将为国鞠躬尽瘁、死而后已，这是对刘备知遇之恩的感念和报答，更是对恢复汉室的矢志不渝。

北宋宰相晏殊很看重自己的学生宋祁，不但提拔重用他，还专门在家附近租了一所大宅给宋祁居住。可是当晏殊因被人弹劾而罢相时，宋祁却落井下石，在替皇帝撰写的诏书中把晏殊骂得狗血淋头。虽然宋祁也算得上是个才子，但他这样的举动，使得人们对他的人品颇为不齿。

【原典】

勤是传家宝，俭是聚宝盆。

【出处】

张道余《两亲家上吊记》。

【译文】

中国有句古话叫“富不过三代”，说的就是生活过分富足，会让人丧失进取心，每天只是贪图享乐，久而久之，祖先留下来的财富就会被败光。因此，只有克勤克俭，恪守礼仪，一个家族才能长久地兴旺下去。

【故事解读】

隋文帝杨坚，身体力行崇尚节俭。有一年关中地区闹饥荒，隋文帝派左右亲信出宫察看民情。亲信给他带回百姓吃的杂糠豆屑，文帝看过之后泪流满面，从此不吃酒肉将近一年，后宫嫔妃的衣服都是多次缝补才换新。隋朝经济能在历经战乱疮痍后迅速恢复，和文帝的勤俭为政密不可分。

寇准是北宋时期的名臣，但他喜爱豪华奢侈，在当时堪称第一。因为他的功业大，人们不便批评他。可是他的子孙们沾染他的家风，也以豪华奢侈为荣，终于败光了偌大的家产，陷于穷困之中。

【原创】

居高恒念柴米贵，骄奢淫逸祸及身。

【译文】

一粥一饭当思来之不易，半丝半缕恒念物力维艰。

【故事解读】

唐肃宗李亨做太子的时候，经常陪唐玄宗吃饭。有一次，御膳房准备了熟羊腿，玄宗让李亨把羊腿割开来。李亨就用手把羊腿分开了，手上沾满了油。他取了一个饼，把手上的油擦下来。玄宗看了心里非常不舒服，觉得李亨太浪费了。但李亨擦完油后，竟然把沾满油的饼有滋有味地吃了下去，玄宗看罢，非常高兴，认为李亨一定会成为一个好皇帝。

西晋石崇，靠贪腐掠夺积攒了大量财富，这种不义之财简单易得，也造成他的生活奢靡。他曾让家仆用蜡烛烧火做饭，也曾在斗富中让皇帝都自叹不如。最终他也因为奢靡，被当时的权贵找借口杀掉了。

【原典】

居安须思危，戒奢必以俭。

【出处】

唐代魏征《谏太宗十恩疏》。

【译文】

虽然处在平安的环境里，也想到有出现危险的可能，必须要戒掉奢侈的习惯，厉行节俭。这是一个国家能够兴旺发达的根本，也是一个家庭能够长久富足的主要原因。

【故事解读】

季文子是鲁国贵族，三世为相，却以节俭为立身之本，有个叫仲孙它的人劝他改变一下生活方式，他却认为国家还有百姓挨饿受冻，他于心不忍，况且国家的光荣，应该通过臣民高洁的品行来体现，而不是通过奢靡的生活来评定。仲孙它十分羞愧，从此也效仿季文子，过上了简朴的生活。

王艳婷

【原典】

见贤思齐焉，见不贤而内自省也。

【出处】

《论语·里仁》。

【译文】

《论语·述而》中写道：“子曰：‘三人行，必有我师焉；择其善者而从之，其不善者而改之。’”而本句意思是：孔子说：“别人的言行举止，必定有值得我学习的地方。选择别人好的学习，看到别人缺点，反省自身有没有同样的缺点，如果有，加以改正。”

【故事解读】

司马光是个贪玩贪睡的孩子，为此他没少受先生的责罚和同伴的嘲笑，在先生的谆谆教诲下，他决心改掉贪睡的坏毛病，于是聪明的司马光用园木头做了一个警枕，早上一翻身，头便滑落在床板上，自然惊醒，从此他天天早早地起床读书，坚持不懈，终于成为一个学识渊博的写出了《资治通鉴》的大文豪。

【原典】

黑发不知勤学早，白首方悔读书迟。

【出处】

唐代颜真卿《劝说》。

【译文】

宋代诗人朱熹的《劝学诗》中写道："少年易老学难成，一寸光阴不可轻。未觉池塘春草梦，阶前梧桐已秋声。"青春的日子十分容易逝去，学问却很难获得成功，所以每一寸光阴都不能轻易放过。没等池塘生春草的美梦醒来，台阶前的梧桐树叶就已经在秋风里沙沙作响了。

【故事解读】

金溪平民方仲永就是一个很好的例子。他天资聪颖，能指物作诗，但他不注意后天的学习。他父亲觉得他有天赋，便带着他去给别人作诗赚钱，后来他长大成人了，却失去了以前的天赋，泯然众人矣，成了一个普通的人。

"少壮不努力，老大徒伤悲"出自《乐府诗集·长歌行》，它告诉我们人生短暂，韶华易逝，光阴一去不复返，所以应当及早努力，免得老大无成，空余嗟叹。

王斐斐

【原创】

施恩多福，为孝多祐。

【译文】

帮助别人，孝敬父母是中华民族的传统美德。修德践行自然会多福多祐。

【故事解读】

六朝时期在江苏苏州有个叫陈遗的人，是个非常孝顺的人。他的母亲特别喜欢吃锅底的焦饭。当时他在州郡担任主簿一职。常带着一个布袋子，把锅底的焦饭收集起来，休息时回家带给母亲。有一次碰到孙恩进攻吴郡，郡守立即出征讨伐，陈遗带着焦饭就跟着部队出发了。结果战败，官兵都四散逃跑，很多人都饿死了，陈遗靠着带的焦饭活了下来。大家都说这是因为他的孝顺而得到的好报。

【原创】

业由勤中立，德在俭中明。

【译文】

韩愈的《进学解》中说："业精于勤荒于嬉。"想要成就事业，必须精勤努力。功成名就之后，是否还能坚持自己的德行，就要看他是否还能保持勤俭的本色。

【故事解读】

陶侃立了战功，做了荆州刺史，但是受到小人的嫉妒，在领导面前说陶侃的坏话，于是他被调到广州。当时的广州非常偏僻，政事很少。陶侃并没有灰心丧气，他每天早晨把一百块砖头从书房搬到房外，晚上再把砖头搬回屋内。人们很奇怪，问他为什么，他很严肃地说："我虽然现在在这里，但我心里想的是收复中原。如果我闲散惯了，等国家需要我的时候，我怎么担当重任呢?"后来陶侃果然重新得到重用，担任荆州刺史。荆州在长江边上，官府造船时常常留下许多的木屑和竹头，之前都是扔掉。陶侃却让人收在仓库里。后来冬天下雪，雪融化后，地面又湿又滑，陶侃就命人把木屑拿来铺地。又有一次，东晋水军造船要竹钉，他又叫人把之前收起来的竹头拿出来用。

【原典】

富贵不失俭，贫贱不失志。

【出处】

改编自《礼记·儒行》。

【译文】

无论贫穷还是富贵，良好的习惯、志向不因生活境遇的改变而改变，才是君子之为。

【故事解读】

殷仲堪是南北朝时期的名士，任荆州刺史时，遇到水灾，百姓的收成受了很大损失。作为一州的长官，他积极赈灾，自己吃饭也非常节俭。如果有饭粒掉在桌子上，他捡起来就吃了。他还教育自己的孩子们说："你们不要因为我是大州的长官，就忘记了我们的本分。清贫就是读书人、为官之人应有的本分。"

林则徐是晚清著名的中兴名臣，小时候家庭很拮据，但是他从小就立下很高的志向。有一次和老师同学登山观海，老师出题以"山海"为题写联，少年林则徐就写下了"海到无边天作岸，山登绝顶我为峰"的名句。林则徐少年时就有远大的志向，一直保持为国为民的信仰并坚持不懈地为之努力，最后终于成就一番功业。

【原典】

己所不欲，勿施于人。

【出处】

《论语·颜渊篇》第十二章中，仲弓问仁。子曰：“出门如见大宾，使民如承大祭。己所不欲，勿施于人。在邦无怨，在家无怨。”仲弓曰：“雍虽不敏，请事斯语矣。”

【译文】

意思是自己不喜欢的，也不要强加给别人。人与人相处，应该建立在相互尊重、相互理解的基础上，才可能融洽。

【故事解读】

庾亮是东晋时期的名士、重臣。他出身贵族，善谈玄理，举止皆遵从礼仪，很受朝廷器重。他的妹妹嫁给晋明帝为妃，一时尊荣无极。他乘坐的马中有一匹“的卢”马，这马的额部有白色的斑点，传说为凶马，会给主人带来厄运。有朋友劝他尽快把这匹马卖了，以免惹祸上身。庾亮却说：“如果我卖这匹马，那就一定有人买他，那岂不是害了他的新主人。因为这马对自己不利就把祸害转嫁出去，这不是君子所为。”

邓涛

【原典】

有勤堪补拙，功到自成才。

【出处】

《黄朴公家训》。

【译文】

“勤能补拙是良训，一分辛劳一分才”，有的人天生的资质并不好，但是凭借后天孜孜不倦的努力，一样也能够有所成就。

【故事解读】

章学诚小时候很愚钝，记忆力很差。他在私塾里读书时，读百来字的一段文章都感到很吃力，更不要说背诵较长的古文了。但他并不灰心，而是日夜苦读，以勤补拙，每当读到不满意或者有疑问的地方，就把它们记下来。章学诚记性虽不好，却勤于积累，最后终于成了清代著名的史学家。

【原创】

少年需努力，莫负寸光阴。

【译文】

青春的光辉，理想的钥匙，生命的意义，乃至人类的生存、发展，全都包含在“勤学”这两个字之中。只有趁着年少的时候多学习，不浪费每分每秒，才能发现自己的不足，进而做出一番事业。

【故事解读】

战国时期著名的政治家苏秦，年轻时由于学问不多，曾到好多地方做事，都不受重视。回家后，家人也瞧不起他。这对他的刺激很大。于是他下定决心，发奋读书。他常常读书到深夜，每当疲倦的时候，就用锥子往自己的大腿上刺一下，使自己清醒起来，再继续读书。

【原创】

不教金瓯残半点，立志还我好河山。

【译文】

当国家残破的时候，总有一批批仁人志士站出来，为收复失地、还我河山做出不懈的努力，我们的民族也因为有了岳飞、祖逖这一个个熠熠生辉的名字而傲然屹立于世界民族之林。

【故事解读】

南宋的民族英雄岳飞，在金人入侵的动乱年代里，立下了“还我河山”的壮志，他一生征战沙场，死而后已。宋高宗要为他建宅第、立家室，以褒奖他的赫赫战功，他辞谢道：“金兵未灭，何以为家？”岳飞一生矢志不渝，终于留下千古美名。

【原典】

师恩深似海，从师必以恭。

【出处】

来自网络。

【译文】

“师者，所以传道受业解惑也。”老师是美的播种者、善的传播者，中华民族的优秀传统，就是因为老师的存在而薪火相传。师恩浩荡，泽被古今，辉映万世，尊师重道，也是每一个求学的人应该努力践行的。

【故事解读】

汉明帝刘庄做太子时，博士桓荣是他的老师，后来他继位做了皇帝，仍然用对待老师的礼节来对待桓荣。桓荣生病，明帝就派人专程慰问，甚至亲自登门看望，每次探望老师，明帝都是一进街口便下车步行前往，以表尊敬。

【原创】

养廉唯勤俭，寡欲自心清。

【译文】

要养成好习惯，最好从勤俭开始，只要自己清心寡欲，就能够不受外界事物的羁绊。曾国藩也认为，唯俭可以养廉，唯勤可以生明。这二者皆是做好官的秘诀，也是做好人的命脉。

【故事解读】

雷锋在生活中处处注意节俭，他参军后，每月领到的津贴费，除了购买必需的生活日用品外，其他的全部存入了储蓄所。他的袜子、内衣总是补了又穿，穿了又补，还不愿意丢掉另买。他把钱都攒下来，帮助有困难的战友和群众。

【原创】

江湖廊庙原无别，用舍行藏等闲看。

【译文】

应该保持一颗平常心，淡然对待人生中出现的风雨和纷扰。心态乐观了，不管是身居高位还是仕途不顺，都能够正确面对得失，宠辱不惊，去留无意。

【故事解读】

苏东坡曾因为官清正多次遭贬，但他丝毫没有受到官场失意的影响，而是以乐观豁达的心态对待生活中的人和事，发现生活中的真善美。不管是在黄州、惠州还是更为偏远的海南儋州，都留下了大量脍炙人口的诗词。

【原创】

但持平常心，得失自怡然。

【译文】

只要能保持一颗平常心，就能坦然面对得失。面对现实保持微笑，就能越过障碍注视未来，就能在面对困惑或黑暗时，灵魂深处燃起明亮且温暖的灯盏。

【故事解读】

美国前总统罗斯福的家中被盗，丢失了许多东西。一位朋友闻讯，忙写信安慰他，劝他不必太在意。罗斯福给朋友写了一封回信："亲爱的朋友，谢谢你来安慰我，我现在很平安，感谢生活。因为，第一，贼偷去的是我的东西，而没伤害我的生命；第二，贼只偷去我的部分东西，而不是全部；第三，最值得庆幸的是，做贼的是他，而不是我。"

【原典】

聚沙成塔好习惯，日积滴水石也穿。

【出处】

来自网络。

【译文】

养成积少成多的好习惯，长久下来，即使是柔弱的水滴，也能够把石头滴穿。习惯是一种顽强而巨大的力量，它可以主宰人的一生，因此，培养良好的习惯并为之不懈努力，成功总会不期而至。

【故事解读】

元末学者陶宗仪隐居华亭时，躬耕陇亩，同时教授学生，过着清贫的生活。他放歌田园，不以劳作为苦，反以农耕为乐。劳作之余，他将自己的治学心得及所见所闻及时记在树叶上，存进大坛子里，十年之后，竟然积累了十多坛。后来，他把树叶上记录的东西整理出来，写成了《南村辍耕录》。

【原创】

莫放寸阴过，修身待冲天。

【译文】

不要浪费一丝一毫的时间，要养成珍惜时间的良好习惯，时时充实自己，磨砺自己。如果习惯于平平无奇或是闲散安逸的生活，我们的意志会被消磨，身体也会生锈。

【故事解读】

欧阳修说自己写文章构思有“三上”，即骑马行走的时候，在枕上临睡之前，在厕所解手的时候。他几十年如一日，利用点滴的碎片时间写作，这种良好的学习习惯，使他成为一代大儒。

【原创】

滴水之恩涌泉报，不负男儿七尺躯。

【译文】

受人一点恩惠，一定要加倍报答，这样才是一个真正的人，一个大写的人。一个人若不知感恩，他便不是一个完整的人，因为他缺少了作为一个人最重要的美德。

【故事解读】

帮助汉高祖打天下的大将韩信，在未得志时，生活困苦，时常饿着肚子。一位漂母（清洗丝棉絮或旧衣布的老婆婆）同情他的遭遇，不断救济他，给他饭吃。后来，韩信被封为齐王，他想起从前曾受过漂母的恩惠，便命从人送酒菜给她吃，更送她黄金一千两作为答谢，这就是成语“一饭千金”的由来。

【原创】

有恩直须报，饮水当思源。

【译文】

对别人的帮助，应该时刻铭记于心，就像喝了甘甜的水，应该对掘井的人心存感激一样。对生命当中的一切，不管是成功还是失败，不管是光明还是黑暗，都能常存感激的话，心路就会越走越宽。

【故事解读】

春秋时候，晋献公听信谗言杀了太子申生，又派人捉拿申生的弟弟重耳。重耳逃出晋国，在外流亡十几年。后来，重耳来到楚国，受到楚成王的礼遇，于是他承诺，将来自己回国当政，如果晋楚之间发生战争，一定命令军队后退九十里。后来两国交战，重耳果然践约，以报楚成王款待之恩，这就是成语“退避三舍”的由来。

邓琼

【原创】

苦读龙光耀，勤学鹏翼舒。

【译文】

三更灯火五更鸡，正是男儿读书时。勤奋的人是时间的主人，懒惰的人只能沦为时间的奴隶。如果能够利用好一切碎片时间，孜孜不倦地勤学苦读，充实自己，提升自己，终将在人生的舞台绽放光芒。

【故事解读】

毛泽东热爱学习、热爱读书无人能比。长沙求学时期他勤学苦读，革命战争年代他利用战争空隙争分夺秒地研读，社会主义建设时期他更是手不释卷。他不放过任何一点时间读书，甚至在游泳前活动身体的几分钟时间里，也要读上几句名人诗词。在数十年的读书生涯中，毛泽东积累了渊博的学识和丰富的学习经验，孜孜不倦地读书学习，是他成为伟人、做出丰功伟绩的先决条件之一。

【原典】

钟不敲不鸣，人不学不灵。

【出处】

明代佚名《增广贤文》。

【译文】

钟只有敲打才会发出声响，人只有学习才能有所成就。即便最大的天才，如果什么也不做，只是躺在草地上发呆，成功也不会眷顾他，帝王将相如此，普通百姓亦然。

【故事解读】

清代学者万斯同曾是一个顽皮的孩子，由于贪玩，曾在宾客面前丢了面子，被父亲关进了书屋。万斯同闭门思过，开始用心读书，经过长期的苦读，终于成为一位博览群书通晓历史的著名学者，并参与了《明史》的编修工作。

【原典】

不学无术难成事，腹有诗书气自华。

【出处】

《经典成语故事》(不自量力)。

【译文】

学问不够，应付变局时自处、处事的方法就不够高明。学问好，方法就有智慧的灵光，能够应变；换句话说，有了学问，就有方法。学问就是使你的思想增加，办法自然也就多了，甚至整个人的气质都会因此而提升。

【故事解读】

霍光是汉武帝时期的大臣，他掌握朝政大权四十多年，为西汉王朝立下赫赫功勋。霍光死后，霍氏一门骄奢放纵，尽失霍家威望，甚至密谋变政，意欲反朝，最终被满门抄斩。班固曾不无惋惜地评论霍光的功过——“不学无术，暗于大理”，意思是说霍光不读书，没学识，因而不明关乎大局的道理，才导致整个家族的迅速败亡。

三国时的大将吕蒙，年轻时因家贫无法读书，后因作战骁勇当了将军，却苦于没有文化。后来他听从孙权的建议，利用军旅闲暇，遍读书、诗、史及兵法战策，如饥似渴。功夫不负苦心人，渐渐的，吕蒙的知识越来越多，能力也不断提高，最后成了一个文武双全的将军。

【原创】

等闲莫放时日过，孜孜不倦终凌云。

【译文】

有心学习，就不要受外界干扰，也不要将诸如经济实力弱、年纪大了记忆力不好之类的借口挂在嘴上。只要有心求学，不管是家庭困难还是天资驽钝，都不应该成为你向上的阻碍。珍惜时间，勤学苦思，终有大成。

【故事解读】

汉代的公孙弘，四十岁时开始学习《春秋》。由于大部分收入都要用于养家糊口，没有多余的钱买书学习，他就把竹子削成片状，向别人借书抄在竹片上来学习。因为博学多才，后来他被朝廷征召，十年之内就位极人臣，并为儒学的推广做出了不可替代的贡献。

【原创】

得失寻常事，宠辱莫萦心。

【译文】

人生无所谓得，无所谓失，得到的会失去，失去的也会以另一种形式归来。人生的得与失是相对而言的，唯有保持豁达的心态，方能淡看得失，从容一生。所以，宠辱不惊、去留无意，不被自己的心魔困扰纠缠，才是应对波谲云诡的世事的最好心态。

【故事解读】

从前有位老人，他的马跑到了胡人的住地，人们来宽慰他，他却说："这怎么就不会是一种福气呢？"过了几个月，那匹马带着胡人的良马回来了，人们又来祝贺他，老人却说："这也不一定是好事啊！"果然，老人儿子因为骑胡马摔断了腿。人们都前来慰问他，那老人又说："这怎么就不能变为一件福事呢？"过了一年，发生战争，死了很多人，老人的儿子因为腿瘸免于征战，父子俩都保全了性命。

【原创】

奢靡多生祸患，寡欲常得安宁。

【译文】

一个人如果喜欢追求奢侈的生活，难免会在这条路上越走越远，当自己的正当收入无法保证奢靡的生活时，势必就会铤而走险；反之，如果能清心寡欲，把注意力放在工作和事业上，那么就能知足常乐，甚至远离祸患。

【故事解读】

春秋末期，昏庸的晋灵公派人刺杀大夫赵盾。刺客来到赵家后，见赵盾正在吃晚饭，餐桌上只有一条鱼。按照春秋时期的饮食等级制度，赵盾可以享受一餐吃掉一头猪的生活待遇，而他一餐只吃一条鱼，只是普通士人的用餐标准。刺客不胜慨叹，于是不忍刺杀如此节俭的赵盾。

唐代宰相李德裕，生活极为奢侈。所食用的羹汤，一杯的价格达两三万钱，就连饮用水，都要喝专程从江南运来的山泉水。他洛阳的庄园里，全是他穷尽毕生精力搜集的奇花异石、珍稀禽鸟。李德裕后来因为历史上著名的朋党之争，被贬官岭南而死去，李氏门庭也就此败落。

【原创】

骄奢淫逸千金散，嚼得菜根百事成。

【译文】

鲁迅先生曾说，生活太安逸了，工作就会被生活所累。人都是有惰性的，安逸的环境、奢华的生活会让人丧志斗志。只有将自己置身于“愤”“悱”的状态中，不为外事外物萦怀，才能心无旁骛，取得成功。

【故事解读】

西晋权臣何曾以奢靡著称，一天的吃喝要花费一万铜钱，即便如此，面对满桌的珍馐美味，他还是觉得没什么值得品尝的。当时的人曾劝他不要太过铺张，何曾不以为然，果然，到了他的孙子那一代，就因为傲慢奢侈而把家产耗光了。

【原创】

反哺跪乳恩须报，疏亲慢友宜戒之。

【译文】

鸦有反哺之义，羊有跪乳之恩，禽兽尚且懂得报恩，人类更应该如此。可是生活中我们常常发现，很多人对陌生人给予自己的一点点关怀念念不忘，对父母亲人长期以来对自己的关爱却熟视无睹，习以为常，这应该是我们每个人都引以为戒的。

【故事解读】

孔子的弟子子路小时候家里很穷。一天，家里没米了，他看着父母饥饿的样子，心里不忍让父母受苦，就到亲戚家借米。亲戚家路途遥远，还要翻一座山，但子路不怕苦不怕累，为了报答父母的养育之恩，竟在一天内把米借回了家。事后，人人都夸子路是个孝顺的孩子。

我们总是对陌生人或朋友以礼相待，哪怕对方惹怒了自己，也会选择宽容；而面对自己亲近的人，比如父母时，却没有太多的耐心，别说宽容，连说句话都不耐烦。其实，只有最亲近的人才会宽容你、偏爱你，但这并不能成为你乱发脾气的理由，归根结底，对亲近的人恶语相向，就是一种不懂得感恩的心态。

【原典】

知恩图报，君子所为；负义忘恩，世人唾弃。

【出处】

西汉刘向《说苑·复恩》。

【译文】

受人滴水之恩，必当涌泉相报，感恩是一种淳朴的处世哲学，它可以消解心中积怨，涤荡世间尘埃。胸中常存感恩之心，生活中便自有动人风景，反之，你的眼中永远只有阴云密布，永远见不到明媚的阳光。

【故事解读】

王安石曾经非常赏识吕惠卿，甚至在自己被迫辞去相位时，还极力推荐吕惠卿担任副丞相。但吕惠卿身居重位之后，因为担心王安石会威胁自己的权位，就把王安石的一些私信交出，诬陷王安石。众人皆骂他背信弃义，他也毫不在乎。从此吕惠卿就作为忘恩负义的典型，被永远地钉在了耻辱柱上。

明末大臣袁崇焕含冤而死，他手下一位佘姓将领为了报答他的知遇之恩，冒死将他的尸骨盗出安葬，并立下誓言，佘家子孙后代都要守护袁将军的尸骨。从此佘家后人日夜守护袁将军的坟墓，历经明朝、清朝、民国至今，历时已三百九十余年。

【原创】

傲物轻慢难成事，礼贤下士家国兴。

【译文】

身居高位，如果沾沾自喜自以为是，不懂得起码的尊重，那么不会有人才愿意为你尽心尽力；反之，如果能够放低自己的身段，对贤者以礼相待，那么四方贤士都会来为你效力，助你走上人生巅峰。

【故事解读】

齐桓公听说小臣稷是个贤士，渴望见他一面。齐桓公连着三次去见他，小臣稷都托故不见。桓公的随从就说："主公，您贵为万乘之主，他是个布衣百姓，您来了三次，既然未见到他，也就算了吧。"齐桓公却颇有耐心地说："不能这样想，贤士傲视爵禄富贵，才能轻视君主。"这一天，齐桓公第五次前去拜见，才得以见到小臣稷。

【原创】

事人以礼称君子，尊老敬师美名传。

【译文】

君子总是彬彬有礼，按照礼节来对待别人。侍亲以孝，待人以恭，尊敬师长，爱护他人。既不会因为自己地位高而飞扬跋扈、目中无人，也不会因为自己地位低而畏畏葸葸，屈膝事人。

【故事解读】

张良在下邳隐居时，有一天去桥上散步，碰到一个老人故意把鞋踢掉到桥下，然后让张良下桥帮他把鞋拾上来。张良看他年老，就强忍着怒气，到桥下把鞋拾了上来，还跪在地上帮老人穿鞋。老人看张良如此谦恭有礼，于是把《太公兵法》传给了张良，张良反复苦读研究，终有大成，最后帮助刘邦灭掉了暴秦，成了西汉的开国元勋。

乾隆时期，大臣王杰受命教皇子们读书。有一次，因为皇子们对圣贤不恭，王杰便罚他们跪下，不巧却被乾隆皇帝碰见了。乾隆愤怒地说："你教不教他们，他们都是皇子龙脉。你这样是臣对君应该有的态度吗?"王杰回答："教了，他们会成为尧舜那样的明君；不教，就会成为桀纣那样的昏君。"乾隆听完王杰的解释后，立马让皇子们重新跪下，他不仅没有惩罚王杰，反而对他更加敬重。

【原典】

性格决定命运，习惯决定上限。

【出处】

杰克·霍吉《习惯的力量》。

【译文】

性格决定命运。决定命运的性格就需要有好的习性，而养成好习性的必要条件就是良好的习惯。俗话说“习以为常”，指的就是常做某种事情，成了习惯，就觉得很平常，从而会自然而然地坚持下去。

【故事解读】

东晋时期的将领祖逖年轻时就很有抱负，每次和好友刘琨谈论时局，总是慷慨激昂，满怀义愤。为了报效国家，他们在半夜一听到鸡叫，就披衣起床，拔剑练武，寒来暑往，从不间断。这种良好的习惯让他们最终都成就了一番事业。

一位诺贝尔奖获得者把他的成绩归功于在幼儿园养成的好习惯：把自己的东西分一半给小伙伴们，不是自己的东西不要拿，东西要放整齐，吃饭前要洗手，做错了事情要表示歉意，午饭后要休息，要仔细观察周围的大自然。

【原创】

良习伴身终身益，恶习不改祸及身。

【译文】

习惯是一种顽强而巨大的力量，它可以主宰你的人生。人自幼就应该通过学习去形成良好的习惯，良好的习惯会让人受益终生，反之，不良的习惯会成为你人生路上的绊脚石，会让你远离成功，甚至使你失去最宝贵的东西。

【故事解读】

范仲淹小时候家境非常贫寒，每天只能以稀粥就着咸菜度日。他的一位同学很同情他，就赠给他很多的美味佳肴。但是他把这些美食都放在一边，并没有享用。同学对此不解，范仲淹说："谢谢你的美意，我吃粥和咸菜已经很习惯了，现在突然吃这个美味佳肴，我怕以后不能够再回到习惯吃粥的生活。"

三国时的大将张飞，脾气暴躁，常在酒后鞭打手下将士。刘备曾经劝他说，你不体恤士卒，经常鞭打他们，却又让他们在身边侍奉你，这是取祸之道。张飞不听劝，依然我行我素。果然，张飞最后被其麾下将领张达、范强谋杀。

【原创】

成大业者有大志，志不立者事不达。

【译文】

自古以来凡是做大事业的人，不仅有出类拔萃的才能，也一定有坚韧不拔的意志。若不能立下一个远大的志向，并为之做出坚持不懈的努力，这样的人很少能够到达成功的彼岸。

【故事解读】

苏轼小时候读《范滂传》，为范滂激昂大义、蹈死不顾的精神所感染，立志要做一个为民请命、殒身不恤的人。后来他做官后，果然革新除弊，因法便民，不容于当政者，以致一生中多次遭贬。但苏轼不以为意，仍能在波谲云诡的官场宠辱不惊，受到后代文人和百姓的普遍热爱。

【原创】

愿做云中鸿鹄，不做檐间燕雀。

【译文】

云中鸿鹄，搏击长空，能够见识到世间最美的风景；檐间燕雀，终身都为了一日三餐庸庸碌碌。要想成就事业，就应该立下大志，不惧风雨、敢于拼搏，在搏击中看见人生最美的景致。

【故事解读】

班超从小就有远大的志向，因为家庭贫穷，班超常为官府抄书挣钱来养家。有一次，他停下的手中的活儿，扔了笔感叹道："大丈夫应像傅介子、张骞那样，在异地他乡立下大功，得以封侯，怎么能长期地在笔砚之间忙忙碌碌呢？"后来他出使西域，凭借自己的智慧化解了许多危机，宣扬了汉朝的国威。

1004 年 9 月，辽军南下攻宋，进逼宋都城汴京。宋军民奋勇御敌，在澶州击败辽军，辽提出议和。胸无大志的宋真宗赵恒却急于求和，借口"屈己安民"，在澶州与辽订立议和条约，每年向辽国进贡岁币。以金钱换取和平的政策使北宋苟安一隅，但最终在金人的大肆进攻下迅速败亡。

【原典】

莫为浮云遮望眼，当效老骥志四方。

【出处】

改编自宋代王安石《登飞来峰》。

【译文】

我们只有立下了目标并为之努力奋斗，才能获得成功。人贵立志，事在人为，人之为学，贵在立志，无论客观条件的好坏、天资的高低，关键在于主观努力。主观努力才是成功的关键。

【故事解读】

东汉人陈蕃，少有大志，不拘小节。他少年时曾独住一屋，屋子又脏又乱。他父亲的朋友薛勤见了，就问陈蕃："为什么不打扫干净接待客人呢？"陈蕃说："大丈夫处世，当清扫天下，怎么能够只关注一间小屋子呢！"后来陈蕃发奋图强，果真成了一代名臣。

【原创】

须立坚韧不拔志，莫做鼠目寸光人。

【译文】

“壮志与热情是伟业的辅翼。”人若不胸怀雄心壮志，不志存高远，有一点成绩就沾沾自喜、停滞不前，又何谈建功立业呢？只要有一颗坚忍不拔之心，立坚强不屈之志，再苦再难也不用畏惧，必将取得最终的成功。

【故事解读】

明朝抗倭名将戚继光，十六岁时就继承了祖上的职位，负责管理登州卫所的屯田事务。当时山东沿海一带遭受倭寇的烧杀抢掠，戚继光有心杀贼，常以驱逐倭寇为己任，写下了“封侯非我意，但愿海波平”的诗句。戚继光一生都为实现这个志向孜孜努力，最终建立了彪炳史册的不朽功勋。

北宋灭亡后，宋高宗赵构在临安建立了南宋朝廷。当时朝野关于收复失地、迎回徽钦二宗的呼声很大，但赵构担心自己的皇位不保，于是重用主和派的秦桧等人，一味求和，处死岳飞，罢免李纲、张浚、韩世忠等主战派大臣。赵构的胸无大志，直接造成了南宋小朝廷积弱不振的局面，他本人也成了百姓眼中昏君的代表。

【原创】

鹏飞必遂摩云志，龙举当成换日功。

【译文】

有志就有理想，有理想就会去奋斗，有奋斗就会有成功。某种意义上说，立志就是成才的第一步。鲲鹏因为志向高远，才能扶摇直上九万里；鲤鱼也是因为有了志向，才能跃过禹门，化身为龙。

【故事解读】

古希腊有位雄辩家叫德摩斯梯尼，小时候声音微弱，口吃严重，每当看到别人滔滔不绝地演讲时，他羡慕不已，立志也要成为演说家。为使声音变得洪亮有力，他站在海边大声喊叫；为增加肺活量，他跑步登山；为使口齿灵活，他口含小石子练习朗读；在镜子面前反复练习演讲时的动作和姿势……功夫不负有心人，他终于成为当时著名的雄辩家。

刘辉

【原典】

慎风寒，节饮食，是从吾身上却病法；寡嗜欲，戒烦恼，是从吾心上却病法。

【出处】

清代金缨《格言联璧·养生类》。

【译文】

注意风寒，节制饮食，这是从自己的身体上祛除疾病的方法；减少嗜好欲念，戒除烦恼，这是从自己的内心消除疾病的方法。

【故事解读】

老子在《道德经》中说："致虚极，守静笃。万物并作，吾以观其复，夫物芸芸，复归其根。归根曰静，是谓复命。"意思是：人应该尽力使心灵的静寂达到极点，使生活清静。万物都一起蓬勃生长，我从而考察其往复的道理，那万物纷纷芸芸，各自返回它的本根。返回到它的本根就叫作清静，清静就叫作复归于生命。这段话告诉人们所有的奇妙变化都是由心神的中和虚静而产生的。

倘若在身体内产生变化时妄动意识，那就必然会导致“元气”的妄动而给身体带来新的不和谐。人们想要获得持久的健康，就应该经常归复于生命本源的虚静状态。老子的这些思想或为养身运动、防病治病的重要原理。养生以养心为主，养心的关键在于聚神静气，而后才能够放松身心。如果每天都沉浸于烦扰的事物中，搅得自己魂不守舍、心力交瘁，势必会遭遇疾病。如果心无杂念，安然自在，没有丝毫的杂思妄念，就会神清气爽，气与神合，心清性明。

【原典】

少思虑以养心气，寡色欲以养肾气，勿妄动以养骨气，戒嗔怒以养肝气，薄滋味以养胃气，省言语以养神气，多读书以养胆气，顺时令以养元气。

【出处】

清代金缨《格言联璧·养生类》。

【译文】

减少思虑烦恼来调养心气，减少色欲来调养肾气，不轻举妄动来调养骨气，戒掉愤怒来调养肝气，饮食清淡来调养胃气，少些言语来调节精神，勤奋读书来培养胆气，顺应时令来调养元气。

【故事解读】

心是人体生理活动的主宰，主身之血脉和神明，其工作有规律和节奏。学习和休息、用体和用脑科学合理，是保养心气的重要方式。

肝在人体气血运行、调和中起重要作用，保养肝气，要注意劳逸适度，心情舒畅。

脾为后天之本，在饮食的消化吸收方面起重要作用，保养脾气，要注意饮食有节。

肺主气，司呼吸，肺脏通过鼻腔与外界相通，保养肺气，须注意调节寒温，加强锻炼，增强御邪能力。

肾主藏精，为人体阴阳之本，保养肾气，须注意勿操劳过度。

形体功能活动的中心是五脏。五脏是人体化生和贮藏精气之所。五脏各有所司，它们之间的协调，维持着人的整体生命活动。摄养失当会损伤五脏，影响其功能，损害机体健康。

【原典】

忧愁则气结，忿怒则气逆，恐惧则气陷，拘迫则气郁，急遽则气耗。

【出处】

清代金缨《格言联璧·养生类》。

【译文】

忧愁会使人心气郁结，愤怒会使人气血逆反，恐惧会使人心气低落，拘束会使人心气郁闷，仓促会使人心气耗尽。

【故事解读】

怒伤肝。一个人发怒的时候，气往上冲。大家可能都有过这样的经验：如果遇到非常愤怒的事情，这个时候会觉得血往上涌。所以有心脑血管方面疾病的人一定要注意，千万不要发怒。因为怒的时候，一下子气血往上冲，就会导致一些不良的后果。《黄帝内经》上讲，肝脏是藏血的，发怒的时候直接影响到肝脏，肝血、气血往上冲、往上涌，所以人发怒时非常危险，有的人甚至会脑出血。

“三气周瑜”是《三国演义》里面的一个故事。周瑜是吴国的大将军，才华横溢，蜀国有一位诸葛亮，更是足智多谋、才气逼人。周瑜心胸狭窄，经常生气，他说过一句有名的话：“既生瑜，何生亮?”既然生了我周瑜，何必再生诸葛亮？久而久之周瑜就积劳成疾。最后一次他生气的时候，血往上涌，一命呜呼了。所以怒则伤肝，伤气血，这一点大家一定要注意。保持遇事不怒、不生气的心态非常重要。

【原典】

行欲徐而稳，立欲定而恭，坐欲端而正，声欲低而和。

【出处】

清代金缨《格言联璧·养生类》。

【译文】

行动要徐缓而稳重，站立要坚定而恭谨，坐姿要端庄正直，声音要委婉温和。

【故事解读】

善于养气的人，习惯于动中习静，使身体常处于太和元气中，时间长了定会培养出圣贤的气质来，此处讲到的就是动中习静。当人的理性思维沉寂下来时，直觉状态就会产生一种特殊的意识，能以一种原始的方式体验到周围的一切，而无须对概念性的思维进行反思。庄子有一句话："圣人之心静乎！天地之鉴也，万物之镜也。"对于外在环境的独特体验是沉思的主要特点。在这种意识中，各种局部的形式消退了，融为一体。此时此刻，生命从静虚中重获新义，由心荡而心和，由神躁而神静，由形伤而形全，生命从原来的重创中得以修复、重生。中国养生理论中的清静养神，并非叫人心如死灰，静息灭想，而是顺时而动，举手投足，安详平和，不轻举、不妄动，像呼吸那样自然而又充满生机。在尽可能排除内外干扰的前提下，最大限度地保持生命活动的低耗高能状态，以便从根本上改变人体内部组织器官的不协调状况，达到祛病延年和发挥人体内在潜能的目的。"虚心静气"是人类控制自己精神的天然法，这一精神控制法使我们能够最有效地养护大脑。

【原典】

心神欲静，骨力欲动。胸怀欲开，筋骸欲硬。脊梁欲直，肠胃欲净。舌端欲卷，脚跟欲定。耳目欲清，精魂欲正。

【出处】

清代金缨《格言联璧·养生类》。

【译文】

心神要平静，骨骼体力要运动。心胸要开阔，筋骨要强健。脊梁要挺直，肠胃要清洁。舌尖要卷起，脚跟要稳定。耳目要清静，精神要端正。

【故事解读】

有句话说：静时养气，动时练神。意思是静的时候练气，可以磨炼我们的气质与品德；动的时候就要专一精神，将心念统摄为一。心神平定祥和，恬静淡定，身体也会轻松舒畅。胸怀坦荡无私，志向高远宏大，身体便会健康强壮。行走时昂首挺胸，神采飞扬，才会显得精神饱满。走路脚踏实地，步步留声，才能使步伐稳当，身体健康。耳聪目明，才显得机智伶俐，保证处事的效率。

一个人生命力的强弱，不但表现于体质的优劣，也取决于旺盛与否和创造力的高下。古代养生家很早就认识到只有透过“虚静”的功夫，才能少费精神，深蓄厚养，储藏能量。

虚静能够培养一种健康的人格，从而增强人的内在精神力量。

古今中外大量事实证明，大凡进入虚静状态的人，往往精力旺盛，具有超强的生命力。静功可以改造人的人格，帮助那些舍本求末、疲倦不堪的人认识人类生命原有的伟大力量，养成独立的不可侵犯的坚强人格，使人的身心变得美好、坚强、丰满充实，摆脱疾病、苦恼、不安和无气力的状态。“虚静态”可以通过培养独立脱俗的人格来增强人的内在精神力量。

【原典】

多静坐以收心，寡酒色以清心，去嗜欲以养心，诵古训以警心，悟至理以明心。

【出处】

清代金缨《格言联璧·养生类》。

【译文】

时常静坐就能够收敛内心，少沾酒色就能够清心寡欲，除掉嗜好欲望就能够培养身心，诵读古人遗训就能够警示自心，通晓事理就能够心底明白。

【故事解读】

养生理论中的“虚静”学说，与一般意义上的运动养生理论存在较大差异。后者主要是通过外在形体的活动来促使气血调和、百脉通畅、肌肉发达、关节灵活，从而增强对自然环境的适应能力和对疾病的抵抗能力，它所偏重的主要是外在生命力的磨炼；虚心静气则主要通过改变人体内部组织器官的不协调状态，最大限度地发挥身体的内在潜能，它所追求的是一种内在生命力的自我提升。就其本质而言，“虚静”养生法是具有浓郁东方色彩的养生要旨。

常常静坐对身体有好处，可以消除各种不良刺激，克服紧张、焦虑、急躁等情绪，培养乐观豁达、平和、开朗的性格。平时有时间可以闭目养神，练练气功，舒缓工作节奏，对身体颇有好处。

智慧门

时常静坐，反思一天的所作所为，便会使我们心里的欲望少一些，并收敛那些不切实际的奢望。远离酒色财气，戒除嗜好欲望，便斩断了侵袭身心的祸端，从而让身心变得更加清醒专注。用古人的千古良训时常提醒自己，修身养性，对不明白的道理积极追求探索，能够让自己洞晓事理。

【原典】

宠辱不惊，肝木[1]自宁。动静以敬，心火自定。饮食有节，脾土不泄。调息寡言，肺金自全。恬淡寡欲，肾水自足。

【出处】

清代金缨《格言联璧·养生类》。

【译文】

遇到恩怨荣辱不惊慌，则肝宁。行动静坐都能够保持恭敬的心态，就会使心火安宁。饮食有节制就会使脾胃少生病，调气养神少说话对肺有莫大益处，淡泊少气就会使肾水充足。

【故事解读】

《黄帝内经》将我们的通常所说的七情六欲做了一个分类，将七情——喜、怒、忧、思、悲、恐、惊，归结为五类。那就是喜、怒、忧、思、恐，这叫五志。与这五志分别对应的是五行，五行分别影响人的五脏，那就是心、肝、肺、脾、肾。七种情志激动过度，就可能导致阴阳失调、气血不和，进而引发各种疾病。所以七种情志一定要调理掌握适当。如果掌握不当，例如大喜大悲、过分惊恐等，就会使阴阳失调、气血不周，首先是精神上的错乱，然后影响到身体，形成各种疾病。

---

① 肝木：五脏与五行相配，肝属木，故云“肝木”。下文“心火”“脾土”“肺金”“肾水”同理。

【原典】

道生于安静，德生于卑退，福生于清俭，命生于和畅。

【出处】

清代金缨《格言联璧·养生类》。

【译文】

道是从安静中悟得的，德是从卑微谦让中培养来的，福是从贫穷廉洁中得来的，命是在和平顺畅中保全的。

【故事解读】

寺庙道观都是清静之地，充满鸟语花香，甚至都能感觉到香烟袅袅的声音。参禅悟道要从宁静的环境中做起，首先要做到心静，心静才能头脑理智，头脑理智才能悟出蕴藏于万事万物中的玄机与奥秘。良好的道德品质是从忍让、卑微中培养起来的，只有经历了生活的苦难和谦让后所获得的尊敬，才会明白高尚道德所换来的珍贵回报。福分是在清贫节俭中赢得的，遭遇到了贫苦生活的艰苦，才会激励自己奋不顾身去追求幸福，才会珍惜来之不易的幸福生活。

清代有位巡抚大人，郁郁寡欢，成天愁眉苦脸，影响到肺，造成气喘、气逆。请一位名医给他诊病。这位名医给他治病的时候，先给他把脉，把完脉之后，沉思冥想了半天，最后说："从你脉象上看，你是月经不调。我给你开一个调理月经的秘方，你吃了保证七天就好了。"然后给他开了一个处方就走了。巡抚听了这话，先是一愣，等缓过神来，嗤之以鼻，大笑不止，连连说道："我堂堂男子怎么能'月经不调'？真是荒唐到了极点。"从此，每回忆起这件事，就大笑一番，乐而不止。不久他的忧伤病就好了。这个故事被《医苑典故趣拾》收录。

【原典】

天地不可一日无和气，人心不可一日无喜神。

【出处】

清代金缨《格言联璧·养生类》。

【译文】

天地不可一日无太和元气，人心不可一日无喜悦情绪。

【故事解读】

俗话说："笑一笑，十年少，愁一愁，白了头。"这句话形象地说明了心理与生理健康的关系。笑，有助于预防疾病，还可以治疗某些疾病。因此，笑可以说是一种愉快的治疗方法。人如果时常心情愉悦，心气就会恬静自然，五脏也会相安无事。曾看到过这样一个故事：一位老人年过百岁，有人问他长寿的方法。老人答道："我只是一个乡村野夫，什么道理也不懂，一生只求快乐高兴，从不知道忧愁烦恼。"由此看来，拥有快乐的心态是养生的要诀！如果每天能够生活得快快乐乐，祥和平安，疾病也会绕着你走开。

【原典】

抽字可以寡过，缓字可以免悔，退字可以远祸，苟字可以养气，静字可以益寿。

【出处】

清代金缨《格言联璧·养生类》。

【译文】

“拙”字可以使人少犯过失，“缓”字可以使人免去事后的遗憾，“退”字可以使人远离灾祸，“苟”字可以使人培养福泽，“静”字可以使人长生不老。

【故事解读】

虚静可以降低血液中的乳酸浓度，乳酸是人体感觉疲倦的根源之一，它是由于血液中氧气不足而产生的。练功入静，可把人从不必要的紧张状态解放出来，使毛细血管充分舒张，血液循环改善，从而使得血液中的乳酸浓度明显下降，疲劳感减轻。更令人吃惊的是，即使入静结束，这种效果还能持续很长时间。

所以说，“虚心静气”是人类控制自己精神的天然方法，这一精神控制法使我们能够最有效地养护大脑。首先要心理平衡，情绪开朗、宁静淡然、无忧无虑。其次要适当运动，运动是健身的良药，现在提倡有氧运动，早九点以后、晚饭后半小时是运动健身的好时光。最后是饮食平衡，膳食营养以清淡为主，三餐多样化但要少油少盐。俗话说，葱蒜姜汤不离口，一些疾病绕道走；冬吃萝卜夏喝汤，不找医生开药方；五谷杂粮多入口，医生改行拿锄头；多吃蔬菜喝绿茶，大夫急得满地爬。古人传下的这些饮食秘诀，都是宝贵的养生保健经验。

【原典】

毋以妄心戕真心，勿以客气[①]伤元气。

【出处】

清代金缨《格言联璧·养生类》。

【译文】

不要让虚妄之心戕害自己的本心，不要让外在的因素损伤自己的元气。

【故事解读】

元气，就是来源于先天、从父母那里继承的气，是生命的原发性“气”，这个元气也叫作真气，也就是《上古天真论》里面所说的“真”。天真，说的就是先天的真气、真人之气。这个真气主要产自肾脏，因为肾脏藏精，精又可以化成气。后来道家把它称为“先天之气”，它体现了先天原火的推动，所以写作“炁”。从字形上看，“炁”字底下四点，表示火在下面燃烧，这种“火”是生命的原动力。第二种气叫宗气，这个宗气主要产自后天的呼吸，是呼吸之气，可以把它看成是一种心肺之气。肺是主管呼吸的，又主管一身之气。第三种气叫作营气。营气是流行于人的血脉当中的。营的意思就是营养，营气对人体起到一种营养滋养的作用。第四种气叫作卫气，它是运行于经脉之外的，基本上是在体表，卫就是保卫、护卫，卫气起一种保护人体、抵御外邪的作用。

---

① 客气：与元气相对，指伤害身体的邪气。元气为正气。

【原典】

拂意处要遣得过，清苦日要守得过，非理来要受得过，忿怒时要耐得过，嗜欲生要忍得过。

【出处】

清代金缨《格言联璧·养生类》。

【译文】

遇到不如意的事时要能排遣，清贫艰苦的日子要能守得住，无道理的事要能忍受得住，愤怒的时候要忍耐得住，嗜欲产生时要及时克制。

【故事解读】

面对烦恼疑惑，要冷静思考，沉着应对，无缘无故地遭到别人的无理对待，其中必有缘由，且不可不问青红皂白轻易动怒，一定要冷静地了解事情的原因，再作决定。所谓小不忍则乱大谋，如果连微小的屈辱都不能忍受，必会有招致祸患的一天。众口铄金，积毁销骨。他人的流言蜚语确实对人伤害很大，但不要忘了清者自清，浊者自浊，只要自己清白无瑕，就不用担心他人的诋毁与侮辱。

【原典】

人知言语足以彰吾德，而不知慎言语乃所以养吾德；人知饮食足以益吾身，而不知节饮食乃所以养吾身。

【出处】

清代金缨《格言联璧·养生类》。

【译文】

人们知道说话可以表现自己的品德，但不知道谨慎的言语可以培养自己的品德。人们知道饮食可以养育生命，但不知道节制饮食可以保养身体。

【故事解读】

尺有所短，寸有所长。意思是，尺虽比寸长，但也会有它的短处；寸虽比尺短，但也有它的长处。这句话是说任何事物都各有长处，也各有短处。我们要善于取人之长，补己之短。其实任何事物都具有两面性，对同一事物而言，既有好的方面，又有坏的方面。较强的语言表达能力固然能够博得更多人的青睐，可要是无所顾忌地夸夸其谈，故弄玄虚、不分场合、不看对象地胡乱发言，也必会招来一些人的讨厌或嫉妒。每个人都知道饮食是维系生命的根本，却忽略了没有节制的暴饮暴食也会损害健康，甚至给生命带来威胁。

【原典】

闹时炼心，静时养心，坐时守心，行时验心，言时省心，动时制心。

【出处】

清代金缨《格言联璧·养生类》。

【译文】

吵闹时要锻炼心境，平静时要培养身心，静坐时要守护身心，行动时要检验内心，说话时要反省内心，行动时要控制内心。

【故事解读】

在安静的环境中锻炼自己的心境，在吵闹喧嚣的场合也要能够安养身心，做到沉着镇静。检验一个人在某方面是否达到要求，关键要放在合适的场合、地点和时间去考察。做事情的时候谨慎小心，在公众场合说话有理有据，谈吐不凡，空闲时候能够适应寂寞，并且能培养闲情逸致，这才是真正有修为的人。

【原典】

节欲以驱二竖，修身以屈三彭，安贫以听五鬼，息机以弭六贼。

【出处】

清代金缨《格言联璧·养生类》。

【译文】

节制欲望来保持身体康泰，修身养性来保持良好的心境与品质，安贫乐道来保持人生的顺利，摒除心机来防止六贼招惹灾祸。

【故事解读】

“竖”是古时对人的蔑称、贱称，此处指不好的人或物，对身体而言也就是疾病。“三彭”也叫“三尸”“三虫”，指在人体内创造作祟，影响人修炼的三种神，是道家用语。传说中三尸姓彭，常居人身中，伺察功罪。“五鬼”比喻不顺利的事。民间传说的五鬼即瘟神，又称五瘟——春瘟张元伯、夏瘟刘元达、秋瘟赵公明、冬瘟钟士贵、总管中瘟史文业。韩愈的《送穷文》中把智穷、学穷、文穷、命穷、交穷称为五鬼。“六贼”是佛教用语，佛经中称人体的眼、耳、鼻、舌、身、意为六贼。

【原典】

败德之事非一，而酗酒者德必败；伤生之事非一，而好色者生必伤。

【出处】

清代金缨《格言联璧·养生类》。

【译文】

败坏道德品行的事情有很多，但酗酒必定败德；伤害生命的事情也有很多，但好色必定伤身。

【故事解读】

酒是穿肠毒药，色是刮骨钢刀，财是惹祸根苗，气是下山猛虎。这话说明酒色财气皆不是好东西，是毒药，是钢刀，是祸根，是猛虎，然而这四样皆是世人之所爱，真正修身养性的人，就会努力克制自己这些方面的欲望。酒色之类的东西，只会使人消耗志气，伤害身体性命，败坏德行。每天沉醉于酒色之中，醉生梦死，不知所终，又有何快乐可言呢？只有那些清心寡欲的人才会气性平和，心宽体胖，感受到生活中的乐趣。

【原典】

木有根则荣，根坏则枯；鱼有水则活，水涸则死；灯有膏则明，膏尽则灭；人有真精，保之则寿，戕之则夭。

【出处】

清代金缨《格言联璧·养生类》。

【译文】

树木有根就能茂盛，无根就会枯萎而亡；鱼有水才能活下去，水干涸了就会死去；灯有油才会明亮起来，油尽便会熄灭。人有充沛的精气，才能够保持生命的长寿，伤害到精神就会夭折。

【故事解读】

做任何事情都不能舍本逐末。树木的枝叶可以剪掉，树皮损伤了也不会死，但是树根没有了就会枯死。在严寒的冬天看到一丝温暖的阳光，会使人生机勃勃；在炎热的盛夏，吹来一丝凉风，会让人精神振奋。人的生命就如同这草木的繁盛与凋零一样，如果在一个健康的环境中成长，不近声色，就会容光焕发，精神饱满充盈，精力充沛。如果整天被酒色财气所缠绕，势必会精神疲惫，身心和性命都萎靡不振。

刘义豪

【原典】

涵养冲虚为身世学问，省除烦恼方心性安和。

【出处】

《格言联璧·存养类》中说：“涵养冲虚，便是身世学问；省除烦恼，何等心性安和。”

【译文】

提高素质和教养，并能够时刻保持谦虚，这就是为人处世的学问和道理；摒弃掉无端的烦恼，且经常自我反省，便会拥有安静平和的心灵。

【故事解读】

三国时期，蜀国丞相蒋琬经常在私下里被人议论成办事糊涂的庸人。可是蒋琬听到这些诋毁时只是笑着说道：“我确实不如前人，大家这样评价我没有什么错误啊！”蒋琬没有将其他人的诽谤放在心上，更没有将这些事情看成烦恼，而是以平和的心态来处理问题，堪称伟大政治家的典范。

【原典】

屈辱彰名誉，隐忍宏德量。

【出处】

《格言联璧·存养类》中说：“名誉从屈辱中彰；德量自隐忍中大。”

【译文】

君子的名望和声誉在忍受屈辱中彰显，君子的德行与心性在沉默涵容中变得广大。成大事者莫不是在忍受了奇耻大辱之后奋发图强，勇挑常人负担不起的重任，最终走上成功之路。

【故事解读】

战国时期有一位著名的军事家、政治家、谋略家，名字叫作范雎。他曾经受到政敌的冤枉陷害，被打得遍体鳞伤，殴打范雎的奴仆们甚至还朝他的身上撒尿！最后范雎躲藏到茅厕之中，并将自己裹在破旧的草席里面，这才侥幸逃过一劫。后来范雎历尽千辛万苦、几经周折，凭借自己出色的才华和过人的见解，提出了“远交近攻”的战术，得到了统治者的赏识，最终成为一代名相。

【原典】

在事功中治学问，于文章内求性道。

【出处】

《格言联璧·学问类》有云："舍事功更无学问，求性道不外文章。"

【译文】

想要拥有真正实用的学问和才能，就必须在经世济民、建功立业中寻找；想要获得存心养性、修身洁行的方法，就只能去领悟文章中的教诲。

【故事解读】

陈亮，南宋时期的著名思想家、文学家，永康学派的创始人。他治学向来倡导经世济民——即"盈宇宙者无非物，日用之间无非事"的"事功之学"。除此之外，他还指摘当时空言性理天命的读书人，并针对这种状况提出了"实事实功"的主张。他认为：治学要"通其委曲，以求见诸事功"；治世要"取王霸之杂，事功之会"；修为要"功到成处，便是有德"。他将自己的许多治国理念和政治主张编纂成书籍，以此来教诲世人，对日后的学术发展产生了重要影响，成为历史大转折时期先进知识分子的思想源泉和精神动力。后世尊称他为——"龙川先生"。

【原典】

父母所欲为者，我继述之；父母所重念者，我亲厚之。

【出处】

清代金缨《格言联璧·持躬类》。

【译文】

对于父母的孝顺和父母遗愿的继承，我们未必要像拓跋嗣那样完成轰轰烈烈的大事，只要是父母身体力行教会我们的，我们能做到时刻将父母的教诲记在心头，时刻向着父母对我们所期望的方向而努力，这便是对父母遗志的最好继承！

【故事解读】

《魏书》中记载明元帝："明元抱纯孝之心，逢枭镜之祸，权以济事，危而获安，隆基固本，内和外辑。以德见宗，良无愧也。"北魏明元帝拓跋嗣，在父亲遇刺身亡后，继承父亲的遗愿，临危受命、独挑大梁，励精图治、整顿国家，使北魏朝堂重新归于正轨。

刘婕琳

【原典】

因人之力而敝之，不仁；失其所与，不知。

【出处】

《左传·烛之武退秦师》。

【译文】

本意是在战争的博弈中依靠别人的力量而又反过来损害他，这是不仁义的；失掉自己的同盟者，这是不明智的。告诉我们应该对帮助我们的人报以感恩的心，而不是去损害他。

【故事解读】

从前，有个年轻人赶路，想早点到达目的地，没来得及住上一个村子的客栈，眼看着天黑透了还没地方住，在路上碰到一个老农，他马上把马勒住，在马上喊："喂，老头儿，这儿有旅店吗？还有多远？"老农头也没抬，不耐烦地说了声："无礼！""五里？"他理解成离旅店还有五里，以为不远，猛加几鞭朝前跑去。但是他跑出十几里也不见人烟，终于明白了老人的意思，马上调转马头又往回赶。等他回到原地，没想到那老农还在路边等他，急忙下马，先向老农鞠了一躬，又语气非常诚恳地道歉："老伯，请您原谅，我刚才太没礼貌了。"老农笑了："年轻人，知错改错就好，我也不该让你白跑路，你今晚就住我这儿吧。"

【原典】

一鼓作气，再而衰，三而竭。

【出处】

《左传·庄公十年》之《曹刿论战》。

【译文】

第一次击鼓，士兵们鼓足了勇气；第二次击鼓，士气便有所低落；第三次击鼓时，士气就差不多耗尽了。曹刿利用战场上的实战策略总结出做事情要一鼓作气才能成功。

【故事解读】

春秋时期，一次齐国出兵攻打鲁国。鲁庄公决定与齐军决一死战。齐军先声夺人，擂起战鼓准备进攻。鲁庄公准备率兵应战，却被同来的曹刿劝住了。他认为时机不到，劝鲁庄公再等等。齐军见鲁军没有动静，又一次擂响战鼓，可曹刿还认为时机不到。齐军见鲁军还是按兵不动，又第三次敲响鼓向他们挑衅。曹刿当机立断，劝鲁庄公说："进攻的时机到了。"鲁军战鼓响起全军奋勇而上。齐军三次击鼓进攻未果，早已士气大减，疲惫不堪。鲁军的突然出击使他们猝不及防，顿时溃不成军。

【原典】

古之学者必有师。

【出处】

唐代韩愈《师说》。

【译文】

韩愈在《师说》中写道，人非生而知之者，孰能无惑？人们天生就不是什么都知道的，怎么可能没有疑惑呢？古今学者都是由老师教导出来的。劝诫后人做人做学问之时，遇到不懂的要问老师。

【故事解读】

虞世南是初唐时的大书法家，褚遂良拜虞世南为师学书法。有名师指点，褚遂良进步很快，有不少人吹捧他。他问虞世南：“我的字能否与智永前辈相比？”虞世南说：“取得一点成绩就沾沾自喜，你比不上他。”褚遂良深受教益，回去后埋头苦练书法，终于成为初唐著名的书法家。

【原典】

山不在高，有仙则名。水不在深，有龙则灵。斯是陋室，惟吾德馨。

【出处】

唐代刘禹锡《陋室铭》。

【译文】

刘禹锡的《陋室铭》中写道山不在于高，有了神仙就出名。水不在于深，有了龙就显得有了灵气。即是简陋的房子，只是住屋的人品德好就感觉不到简陋了。面对简陋的环境仍然乐观豁达地对待。

【故事解读】

苏轼是个豁达乐观的人，他一生三次被贬谪，可谓坎坷浮沉。熙宁六年，苏轼因反对王安石新法，贬逐杭州通判，但他不因此自暴自弃，反而来到西湖游玩，把乐观旷达精神和随遇而安的人生态度寄情于湖光山色之中，写下了《饮湖上初晴后雨二首》。在他笔下，晴天的西湖水光潋滟，雨天的西湖山色空蒙，无论晴雨，西湖都美不胜收，像绝世佳人西施一样，无论淡妆还是浓妆都美丽绝伦，让千古名句随着西湖美景永流传下去。

【原典】

祸患常积于忽微，而智勇多困于所溺。

【出处】

北宋欧阳修《伶官传》。

【译文】

本意是祸患常常是由一些微小的事积累而成的，聪明勇敢的人往往被自己沉溺偏爱的人或事所困扰。意在告诉我们小事不补，大事受苦。要注重身边微小的琐事，同样要擦亮眼睛，不要被身边的赞许之词蒙蔽了双眼。

【故事解读】

临近黄河岸边有一片村庄，为了防止水患，农民们筑起了巍峨的长堤。一天，有个老农偶然发现蚂蚁窝一下子猛增了许多，老农不知这些蚂蚁窝会不会影响长堤的安全，他打算回村去报告，路上遇见了他的儿子。老农的儿子听后不以为然地说：那么坚固的长堤，还害怕几只小小蚂蚁吗？随即拉着老农一起下田了。当天晚上风雨交加，黄河水暴涨。咆哮的河水从蚂蚁窝始而渗透，继而喷射，终于冲决长堤，淹没了沿岸的大片村庄和田野。

江一鸥

【原典】

圆融者无诡随[1]之态，精细者无苛察之心，方正者无乖拂[2]之失，沉默者无阴险之术，诚笃者无椎鲁之累，光明者无浅露之病，劲直者无径情[3]之偏，执持者无拘泥之迹，敏炼者无轻浮之状。

【出处】

明代吕坤《呻吟语》。

【译文】

圆滑融通的人没有欺诈虚伪的神态，精明细心的人没有苛刻烦琐的心思，正直端庄的人没有乖戾忤逆的缺点，沉默寡言的人没有阴险狡猾的心术，诚信笃行的人没有愚钝的牵累，正大光明的人没有轻浮的毛病，刚强正直的人没有性情上的偏颇，果断干练的人没有拘泥的毛病，灵活练达的人没有轻浮的外表。

---

① 诡随：不顾是非盲目随人。

② 乖拂：乖戾不正。

③ 径情：肆意，任性而为。

【故事解读】

商朝末年，周文王心事重重地出门打猎，走到渭水边，发现一老者端坐垂钓，老人须发全白却腰杆挺直，布衣着身却掩饰不住仙风道骨的气质。周文王被吸引了，近前再看那钓竿，万分惊异鱼钩竟是直的！且听老者自言："愿意上钩的鱼就自己上来。"周文王惊为天人，上前与其倾谈，很快就任命其为国师。

这位老者便是姜太公。姜太公钓鱼，神闲气定，愿者上钩。如果不是渭水边超然于众人的气质和惊人之举，一个无名的八旬老人怎能从如云贤者中脱颖而出，又怎会有后来名扬四海的牧野一战？中国历史上怕是也少了位未卜先知的智者了。

【原典】

直不犯祸，和不害义。

【出处】

南宋吕本中《官箴》。

【译文】

正直不会招惹祸害，谦和不会损害正义。

【故事解读】

刚正不阿的人秉公办事，不徇私情，能够主持公道，替受委屈的人平冤昭雪，让有罪的人被绳之以法，得到法律应有的制裁，所做之事无愧于自己的良心，受到世人的尊重与拥护，又哪里来的祸患呢？古语云："其身正，不令而行；其身不正，令而不行。"如果想成为别人的楷模，首先自己必须正直地生活、正直地走路，才能去教导带动他人。为人谦逊和气，是一个人气度宏大的外在表现。拥有这种胸襟和气度，即使是面对敌人也会化敌为友，不吝赞美之辞，并且在行为上予以宽大。当报复仇人的机会来临时，这种胸襟最见精彩。它并不规避可施报复的情况，而是善加运用，去消除矛盾，化解仇恨，这些行为倡导的正是人间正道，难道会损害道义？

【原典】

谦，美德也，过谦者怀诈；默，懿行也，过默者藏奸。

【出处】

清代金缨《格言联璧·持躬类》。

【译文】

谦虚虽然是一种美德，但是过于谦虚的人往往胸怀奸诈；沉默虽然是美好的品行，但过于沉默的人暗藏杀机。

【故事解读】

谦虚是一种美德，但是过于谦虚就会过犹不及，就会让人感觉到虚伪。谦虚不是装模作样，更不是贬损自己、矮化自己。说白了，谦虚应实事求是。虽然谦虚但是不注重礼节，仍然不能说是完美。如果能够在“礼”字上多下一些功夫，不但拥有谦虚这一美德，还能够平易近人，恭敬和蔼，这样的人才能赢得人们的尊重。

【原典】

胆欲大，心欲小；智欲圆，行欲方。

【出处】

清代金缨《格言联璧·持躬类》。

【译文】

胆量要大，心思要缜密；智慧要圆融，行为举止要方正。

【故事解读】

生活中要学会从容自如，克服胆怯的弱点。只要我们决心克服自身的弱点，定会有收获。摒弃胆怯并不是要自己变得胆大包天，胆大包天的人往往有勇无谋，做事莽撞草率，不考虑后果，所以办事效率不高，容易做错事，甚至做出一些重大的错误决定。如果有胆识之人行事再心思细密一些，考虑问题周全，就能减少过失，提高办事效率。

【原典】

不可吃尽，不可穿尽，不可说尽；又要懂得，又要做得，又要耐得。

【出处】

清代金缨《格言联璧·持躬类》。

【译文】

吃饭不可全部吃完，穿衣不可全部穿完，说话时要留有余地；处事不但要懂得分寸，还要做得得体，遇逆境要忍耐得住。

【故事解读】

做事情要留有余地。吃饭也要掌握好量，如果因为好吃而贪吃，就会胀得慌。穿衣服，穿暖和穿得体即可，切不可贪图荣华，披金戴银也许会招来祸端。说话更要掌握分寸，说出去的话泼出去的水，切记祸从口出。做其他事情也是如此，事业的成功往往在于比别人多看半拍，多走半步。一些人总希望自己能够长命百岁，整天担心自己会离开人世，一些企业家总希望能够把事业持续到永远。事实却并非如此，人总有一天会死去，企业经营不善也会破产，没有做好撤退的准备就开始创业是一件非常冒险的事。无论是在个人生活中，还是开创事业，最好还是给自己留有后路，不可竭尽全力追求想象中的完美。

【原典】

事不可做尽，言不可道尽，势不可倚尽，福不可享尽。

【出处】

清代金缨《格言联璧·持躬类》。

【译文】

事情不能做过了头，说话不要一点余地不留，不要完全依靠权势做事，有福也不能享尽。

【故事解读】

凡事都要留有余地。邵康有诗云："美酒饮教微醉后，好花看到半开时。"喝酒如果喝到烂醉如泥、不省人事的地步，又怎能品尝到美酒的味道和微醉的情趣呢？繁花似锦，最美的赏花时节当在含苞欲放时，此时看到的是希望，给人无限遐想的空间。如果盛开之时观赏，接下来看到的便是凋落，必会给人一丝伤感。平日生活中的说话做事也是如此，如果说话过了头，一点余地也不留，往往会使自己无路可退，最好还是留些情面、留条后路。总之，凡事不可做绝，要留有余地；凡事也无法做绝，因为事物层出不穷；凡事不必做绝，也没有必要做绝，有些事留给后人去做。

【原典】

有一乐境界，即有一不乐者相对待；有一好光景，便有一不好的相乘除。

【出处】

明代洪应明《菜根谭》。

【译文】

有快乐的境界出现，就有不快乐的方面与其相对立；有一处优美风景的出现，就有一处不好的风景与之相抵消。

【故事解读】

人生得意如沐春风，如逢艳阳。人活着都希望自己永远得意而不失意，因为人生得意常常给人带来物质上的丰富，精神上的满足。但人生总是得意就感觉不到得意的快感，人的意志会因此变得脆弱，更主要的是容易使人陷入误区，看不到旅途的坎坷。平日生活中的粗茶淡饭才是我们生命中最美好、最实在的风光。生活中有一些不如意的地方反倒是好事，这样才会使人有了对完美生活的不懈追求，才会使我们变得坚强起来。如果事事都顺心如意的话，一旦产生不如意的事，脆弱的意志可能会让我们更痛苦。

【原典】

奢者富不足，俭者贫有余；奢者心常贫，贫者心常富。

【出处】

明代洪应明《菜根谭》。

【译文】

奢侈的人即便富裕也感到不满足，勤俭的人即便贫困也有所余藏；奢侈的人心里常常感到贫困，贫穷的人心里常常感到富足。

【故事解读】

人的需求分为三类，首先是生活需求，例如衣食住行，如果不能满足，便会导致痛苦，这类需求在当今社会容易得到满足。第二类需求虽然合乎自然，但并非必要，例如我们所追求的声乐之乐。第三类需求既非自然也非必要，这些需求包括讲究排场、攀比和炫耀，这是没完没了的，是难以满足的。奢侈之人从来不会感到满足。

【原典】

俭则约，约则百善俱兴；侈则肆，肆则百恶俱纵。

【出处】

清代金缨《格言联璧·持躬类》。

【译文】

勤俭就会有约束，有了约束就会去做各种好事。奢侈就会导致放纵，放纵就会使各种坏事泛滥成灾。

【故事解读】

在生活中如果你能经常节俭，直到节俭成为你的第二天性，你就会在人生中收到意想不到的效果。

曾国藩常以“勤俭”二字谆谆训诫后人，也以“勤俭”二字孜孜严律自己。他终身生活清淡，素汤寡水。他说：“我做官二十年，不敢沾染官宦习气，吃饭住宿，一向恪守朴素的家风，俭约可以，略略丰盛也可以，过多的丰盛我是不敢也是不愿的。”他布衣粗食，吃饭，每餐仅一菜，非客至，不增一荤。他当了大学士后仍然坚持如此，故时人美其名曰“一品宰相”。“一品”即“一荤”。

欲望永无止境，过强过多，就会造成痛苦和不幸，这种例子屡见不鲜。因此，我们应该尽力克制自己的欲望，培养清心寡欲、知足常乐的生活态度。要正当地获得利益、正当地赢得名誉。

【原典】

探理宜柔，优游[1]涵泳[2]，始可以自得；决欲宣刚，勇猛奋迅，始可以自新。

【出处】

清代金缨《格言联璧·持躬类》。

【译文】

探讨事理方法要循序渐进，细细品味参悟才会心有所得。断决欲望要果断坚决，做事勇猛迅速，才能有所创新。

【故事解读】

探求事理，要有一个从低到高、由浅入深的过程，就如同建设高楼大厦，总要从地基做起，才会打下坚实的基础，俗话说，胖子是一口口吃出来的。如果总想一口吃成个胖子，总想瞬间便有突飞猛进的发展，势必会欲速则不达。

---

① 优游：悠闲自得的样子。

② 涵泳：沉溺，指潜心。

【原典】

怒宜实力消融，过要细心检点。

【出处】

清代金缨《格言联璧·持躬类》。

【译文】

有愤怒的情绪要尽力消除，有过错的言辞要细心检讨。

【故事解读】

愤怒是一种冲动的海啸般的情绪。众所周知，欢乐使人身心健康，愤怒会损害身心健康。产生愤怒的原因是多方面的，例如烦恼、刺激、仇恨、嫉妒等。俗话说，怒从心头起，恶向胆边生。愤怒是把火焰，在烧伤别人的同时也会灼伤自己。过错是身上的毒瘤，只有时常检查自身，有病早医治，才会健康长寿。如果自身的错误得不到及时改正，任其泛滥下去，将来带给我们的很可能是威胁生命的祸事。

【原典】

事事难上难，举足常虞失坠；件件想一想，浑身都是过差。

【出处】

清代金缨《格言联璧·持躬类》。

【译文】

凡事都有困难的地方，所以应考虑周详，行动上要顾虑缺失，凡事多思多想，便会发现到处都有差错。

【故事解读】

生活不是一帆风顺的，做任何事情之前都要考虑周全，才能减少失误。为人处世，困难在所难免，如果能够事先防范，做好应对准备，很可能就会迎刃而解，即使有过失，我们也应尽可能把过失降到最低点。有些事情虽然达到预期的目的，但回头审视自己的所作所为，也会发现有许多不当之处，如果能够将这些环节都处理好，我们便会做得更加完美。

【原典】

凡阳必刚，刚必明，明则易知；凡阴必柔，柔必暗，暗则难测。

【出处】

清代金缨《格言联璧·持躬类》。

【译文】

凡属阳性的事物必然刚强，刚强就一定磊落光明，磊落光明就容易让人明白。凡属阴性的事物必然隐秘，隐秘就难以让人看清，难以预测其后的变化。

【故事解读】

君子和小人不能简单地从外表判断，唯有通过他们的为人处世来分辨。君子一般心地宽厚，心宽就会光明，小人一般心胸狭窄，狭隘就会隐晦。君子与小人在这两方面是正好相反的，这就是古代圣人在《易经》中用阳来形容君子、用阴来形容小人的原因。观察现实中的人，为人光明正大、通情达理、做事干脆利落、深得人心者，必是君子。为人虚伪狡诈、阿谀奉承、做事圆滑世故、让人难以捉摸者，多是小人。

【原典】

傲慢之人骤得通显，天将重刑之也；疏放之人艰于进取，天将曲赦之也。

【出处】

清代金缨《格言联璧·持躬类》。

【译文】

傲慢的人凸显富贵，上天将会重重地惩罚他；疏忽放纵的人能迷途知返，勇于进取，上天也会赦免他的过失。

【故事解读】

人生短暂，因此一定要珍惜时光，勤奋刻苦修身修德，与时俱进。俗话说，善有善报，恶有恶报，不是不报，时候未到。任何事情都是有因果关系的，做好事就会得到人们的尊重，做坏事就会得到应有的惩罚。不劳而获是一种不公平，虽暂时会得到一点好处，但是从长远看他必将损失得更多。守株待兔的愚夫虽然意外白捡了一只撞死在树上的兔子，他失去的却是一年的收成。亡羊补牢，犹未晚也。人生中错误是难免的，关键是要看如何对待错误，如能及时改正，就会使大事化小、小事化了。如果不知悔改，一意孤行，必将因小失大，遗憾终生。

【原典】

天欲祸人，先以微福骄之；天欲福人，先以微祸儆之。

【出处】

清代金缨《格言联璧·持躬类》。

【译文】

上天要使一个人遭受灾祸，必先给他一点小小的恩泽使他骄傲；上天要想给人赐福，先要给他一点小小的灾祸告诫他。

【故事解读】

生命本来就是不能被安排的。人生的际遇也许像朝阳一样可喜、像绵羊一样可亲，也许像恶魔一样恐怖。你万万想不到会一下子时运不济，处处遭遇打击，有时厄运如同车轮，在你的头上若无其事地轧过。

生活中的种种遗憾和不幸是不能绝对避免的，但是，当我们不得不面对残酷的命运时，只要你心里充满阳光，流汗淌泪的日子里也会灿烂如花，种种苦涩都会化为唇边云淡风轻的一抹微笑。我们要用自己的坚强守住生命的鲜活，即使孤苦凄然也要昂起不屈的头颅。抱着十分虔诚美好的信念，守着一颗淡泊宁静的心，才能找到心灵栖息的家园。

【原典】

祸到休愁，也要会救；福来休喜，也要会受。

【出处】

清代金缨《格言联璧·持躬类》。

【译文】

遭遇祸患不要发愁，关键是要学会积极补救；遇到幸福不要穷喜，关键是要学会承受。

【故事解读】

不幸的遭遇和意外的好运来临，都要冷静对待。遭遇祸患的时候不要一味地怨声载道、愁眉不展，更不能借酒消愁、自暴自弃，对生活失去信心。而是应该挺起胸膛坚强地面对，沉着冷静地想办法解决，相信自己一定能够战胜前进道路上的一切困难。好运降临的时候不要沾沾自喜、得意忘形，更不能滋生骄傲卖弄之心，只有安危处之，珍惜福分，才会使福泽恩禄保持长久。

【原典】

天下之势，以渐而成；天下之事，以积而固。

【出处】

清代金缨《格言联璧·持躬类》。

【译文】

天下太平盛世或动荡不安的局势，是逐渐形成的；天下的所有大事，都是由点点滴滴的小事积累而成的。

【故事解读】

荀子曾说：“不积跬步，无以至千里；不积小流，无以成江海。骐骥一跃，不能十步，驽马十驾，功在不舍。”意思是不积累一步半步的行程，就没有办法到达千里之远；不积累细小的流水，就没有办法汇成江河大海。骏马一个跨跃，也不足十步远；劣马拉车走十天也能走得很远，它的成功就在于不停地走。告诉人们做事防微才可杜渐，只有严格防止小过错的产生，才能保证自己将来少犯错误，不犯大过失。回顾历代帝王的兴衰荣辱，无一不与“积渐”二字有着密切的联系。君子对自身的小过失都不放松检点，而是谨慎小心地对待，以防因小失大，这样才会学有所成，事有所就。所以说，做事不从一点一滴做起，就不可能成就大事业。

【原典】

居安虑危，处治思乱。

【出处】

清代金缨《格言联璧·持躬类》。

【译文】

身处安逸的生活中要考虑到危险随时有可能到来，身处治世的时候要考虑到祸乱随时有可能发生。

【故事解读】

在红尘中摸爬滚打多年的人，常常希望获得一份安逸的生活，却容易忘记“居安思危”的道理。

洪水未到先筑堤，豺狼未来先磨刀。如果沉溺于安乐，没有危机意识，一定会意志消沉，懒惰放逸，缺乏警觉性，智慧及能力就会日益减损。当危险急难来临之际，就会措手不及，惊慌失措，不知如何处理。正如孟子所说：“生于忧患，死于安乐。”我们会因为安乐的环境而失去忧患意识。

避免的方法就是：“居安虑危，处治思乱。”思则有备，有备无患。从小处说，个人能够身安心和；从大处说，国家安定。每个人都向往安逸的生活，经过长途跋涉，短暂的安逸生活可以使我们得到休息和宁静。但是长期的安逸则会磨灭人的理想，摧毁人的斗志，最终毁掉其一生。一开始就选择享受的人和一开始就执着奔波、千锤百炼的人，最后的结局往往是前者成了废料，后者成了珍品。

【原典】

上士忘名，中士立名，下士窃名[1]。上士闭心，中士闭口，下士闭门。

【出处】

清代金缨《格言联璧·持躬类》。

【译文】

上等的士人能够忘记名誉，中等的士人能够建立名誉，下等的士人则窃取名誉。对于繁杂之事，上等的士人心中无欲无求，中等的士人则保持沉默不语，下等的士人则闭门不出。

【故事解读】

心是人行为处世的根本，心到才会意到，意到而后支配自身的行动。佛教教义讲求的就是不立文字、直指人心。通过对心性的观察，能得出士人自身修养的高低。上等士人心清性明，不为外物所扰，在他们心中世间万物没有区别，对名誉这虚无缥缈的东西更不会记在心上。那些对荣华富贵有牵挂的人，则极力追求功名利禄，还有一些人甚至采取卑鄙的手段去窃取，即使得到了一时想要的名誉，失去的却是道德与人品，最终只会臭名昭著。

---

① 上士、中士、下士：官名，周朝官制。

【原典】

深沉厚重，是第一等资质。磊落雄豪，是第二等资质。聪明才辩，是第三等资质。

【出处】

明代吕坤《呻吟语》。

【译文】

深沉稳重，忠信笃行，是最好的品质。光明磊落，豪迈雄健，是二等的资质。聪明伶俐，雄才多辩，是三等的资质。

【故事解读】

为人、处世、才能，三者的重要性各有不同。为人是一门很深的学问，做人沉稳老练，忠厚诚实，即使才能一般，依然能够得到众人的认可与信任，因为人品是成事的最好保证。做事果断利落，有胆有识，性情豪迈奔放，这样的人办事效率高，不仅深得领导器重，还能让下属佩服。还有一类人聪明绝顶，才思敏捷，雄才善辩，但往往并不被他人看好，因为说与做是两码事，能言善辩再加上争强好胜，就是锋芒毕露，会伤人的感情。更何况过于精明之人往往会被精明束缚自己的手脚，结果很可能是聪明反被聪明误。

严泓

【原典】

疾风知劲草，板荡识诚臣。

【出处】

唐代李世民《赐萧瑀》。

【译文】

一个人的品性是很难在平时看得出来的，只有在危险和困难的时候，才能够真正考验出一个人的意志和品质。原诗句的意思是只有经过疾风的考验，才会知道什么是劲草；社会动荡，才能分辨出谁是忠臣。这是识人的真知灼见。

【故事解读】

萧瑀是隋炀帝之萧皇后的同母兄弟，为人刚正不阿，光明磊落。其一，对跟他从小一起长大的隋炀帝的骄奢无道，屡次劝谏，炀帝对此大为恼火，贬他为河池太守。其二，唐高祖武德六年，李建成和李元吉密谋杀害李世民未成，又向李渊诬陷李世民，李渊听信后，打算惩处李世民。此时，萧瑀不畏杀头之祸，不受李建成和李元吉所许高官厚禄之诱惑，据理力劝，才打消了李渊惩处李世民的念头。其二，玄武门之变后，国势尚未平息，萧瑀又冒险带头劝李渊把政权交给李世民。一系列事件让李世民知道和认可了萧瑀的为人，因此赐诗曰“疾风知劲草，板荡识诚臣”。

【原典】

为人休忘本，饮水要思源。

【出处】

北周庾信《徵调曲》。

【译文】

为人要知道感恩，不要忘记故土，不要忘记一切帮助你的人；比如喝到河中的水，你要想想河水的源头在哪。

【故事解读】

正面的故事是庾信，他是南北朝时期有名的文学家。公元 544 年，梁元帝派他出使西魏，可没多久，梁朝被西魏灭掉，西魏王非常赏识庾信，就留他在西魏的国都长安做官，庾信不愿意，可是又走不了，他在长安一直住了近 30 年，心里非常思念故土，感念故土的恩情。他在《徵调曲》中写道："落其实者思其树，饮其流者怀其源。"表达了他对故土的思念之情。

反面的故事是三国蜀国皇帝刘禅，国灭后居于晋都时，司马文王叫人表演蜀技，旁边的人都为之感怆，刘禅却喜笑自若，文王问他是否思念蜀地时，他却回答："这里很快乐，哪里会想到蜀地呢？"后人就以乐不思蜀来比喻人沉迷自我享受而忘本。

【原典】

人心不足蛇吞象，世事到头螳捕蝉。

【出处】

清代翟灏《通俗编·禽鱼》。

【译文】

人的欲望得不到满足，就会做出蛇去吞象的事情；指人贪心，就会被自己的欲望所害。螳螂想捕捉蝉，却不知潜在危险。比喻目光短浅，没有远见。人一旦被欲望蒙住眼睛，往往伴随而来的就是无尽的危险！

【故事解读】

从前有一个很穷的人救了一条蛇的命，蛇为了报答他的救命之恩，就让这个人提出要求，满足他的愿望。这个人一开始只要求简单的衣食，蛇都满足了他的愿望，后来慢慢地贪欲生起，要求做官，蛇也满足了他。一直到他做了宰相，还不满足，还要求做皇帝。蛇此时终于明白了，人的贪心是永无止境的，于是一口就把这个人吞掉了。此句中本为“吞相”，后来逐渐演变为“吞象”。相似的例子是“螳螂捕蝉黄雀在后”，园子中树上的寒蝉悲鸣饮露，不知螳螂在它后面正伺机吞了它！同样的，螳螂想捕获寒蝉一解口腹之欲，但它不知道的是，有一只黄雀在等着它吃饱跑不快的时候而啄了它！

李颖尧

【原创】

以砺杵之心励己，以拥书之趣娱心。

【译文】

要用把铁棒磨成针的心态来鼓励自己学习，要用读书时找到的乐趣来修炼自己。不积跬步无以至千里，学习都是从日常的一点一滴做起，慢慢积累成大学问的。而兴趣是最好的老师，只有从学习中找到乐趣才能坚持不懈，这样最终定能取得成功。

【故事解读】

唐朝著名诗人李白小时候不认真读书，经常是把书本一抛就出去玩耍。一天李白碰到一个白发苍苍的老婆婆正拿着一根大铁棒在石头上磨，觉得好奇，问她做什么，老婆婆告诉他要磨一根绣花针。李白大为震撼，从此用功读书，终于成为文豪。

北魏时期的李谧很喜欢看书，曾经闭门谢客，自己也不再出门，变卖家产来聚书，并且对所看的书亲自作删削。他从书本中找到了很多乐趣，还常常叹息着说："大丈夫坐拥万卷藏书，哪里需要去做王侯以统治百城之地来证明自己呢！"

【原创】

欲揽九重天，先具鸿鹄志。

【译文】

要想飞到高空拥抱蓝天白云，就必须首先具备鸿鹄（大雁、天鹅）那样的志向。燕雀只能在低空飞，鸿鹄这样的大鸟就能在高空之上飞，人像鸿鹄那样立下了远大的志向，人生旅途就有了指路明灯，不会迷失方向。

【故事解读】

王阳明在京城的私塾读书，有一天他问老师人生的终极价值到底是什么？老师十分吃惊，没想到学生会问这样的问题，于是再三思考后才作出了他自认最完美的回答："当然是读书当大官啊！"王阳明听后并不认同这个答案，他认真地对老师说："我认为第一等是读书做圣人。"后来王阳明的成就有目共睹，在军事、哲学上都造诣非凡，被后世称为圣人。

【原创】

礼如内心之烛火，不以暗室而无光。

【译文】

人存礼仪就好像内心永远点亮了一盏灯，随时随地都表现得落落大方、光明磊落。不要因为身处没有人看见的环境就毁弃礼仪，哪怕再黑暗的房间里，只要点亮烛火就会一片光明。

【故事解读】

有一次，鲁国人柳下惠刚巧与一个年轻女子同时在一个破庙里避雨。雨一直没停，半夜年轻女子被冻醒，便央求坐到柳下惠怀中驱寒。柳下惠急忙推辞，女子说道："世人都知你品德高尚，小女子虽坐在怀中，你只要不生邪念，又有何妨？我若因寒冷病倒，家中老母便无人服侍，你救我就是救了我母女二人。"柳下惠只好让女子坐到自己怀中。暴雨一夜未停，柳下惠怀抱女子闭目塞听纹丝不动，一直到天亮都没有越礼行为。从此，柳下惠坐怀不乱的美名传颂千古。

【原创】

勤能创业，俭可守成。

【译文】

从古到今，要成就一番事业都离不开一个勤字，大至帝王开创霸业，小至普通人持家，都是不畏困难不辞劳苦才能成功的。有句话说“创业难守业更难!”做到既勤且俭则可以让这份成功的事业更长久地经营下去。

【故事解读】

朱元璋的故乡凤阳，至今还流传着四菜一汤的歌谣：“皇帝请客，四菜一汤，萝卜韭菜，着实甜香；小葱豆腐，好处深长，一清二白，贪官心慌。”朱元璋给皇后过生日时，只用红萝卜、韭菜、青菜、小葱豆腐汤等宴请众官员，而且明令：今后不论谁摆宴席，只许四菜一汤，谁若违反，严惩不贷。

【原创】

开源而得饮，节流则不涸。

【译文】

不辞劳苦修渠掘井，生活便会得到来源，但也不能忘了节约资源，这样河水井水都会源源不绝，永不干涸。勤与俭是相辅相成的好搭档，珍惜劳动成果，这些成果就会更长久地滋养你。

【故事解读】

古时候有一农夫，他勤俭持家，日子过得无忧无虑。他临终前把一块写着“勤俭”的横匾交给两个儿子，并告诫他们按牌匾去做就会生活无忧。后来两个儿子分家时把横匾也分了，老大分了一个“勤”字，每天勤恳劳作，但他的妻儿却挥金如土，慢慢地家里变得没有一点余粮了。老二分了一个“俭”字，他严格要求家人要节俭，不能浪费。但是他却不肯辛勤劳作，慢慢家里的财产也花光了。后来遇上了大旱，兄弟俩都无法生活了，他们感觉横匾根本没有用，就将它踩碎在地。突然匾中藏着的一张纸掉了出来，上面写道：只勤不俭好比端个没底的碗，怎么也装不满；只俭不勤坐吃山空，一定要受穷挨饿。这时，兄弟俩才明白原来“勤俭”这两个字是不能分开的。于是兄弟俩重新合家，并将“勤俭”这块匾也合起来，挂在高堂上，时刻提醒自己，从此兄弟俩的生活一天比一天好。

【原创】

能容墙外一株木，开窗便有四时花。

【译文】

每个人都有自己的小天地，或许容不得别人一丝干扰。如果把心放宽一些，就像接受围墙外边杂乱生长的一些花木一样，到了适当的季节它就会开出美丽的花朵，而你的小天地也随之花香阵阵。

【故事解读】

康熙年间，礼部尚书张英，其府第与吴宅为邻，中间有一条属于两家公共的隙地。有一次吴氏想占用两家之间的公共隙地建房，张家不服而发生了纠纷。张家人便寄书京城，告诉张英此事。张英阅罢，在家书上批诗四句："一纸书来只为墙，让他三尺又何妨。长城万里今犹在，不见当年秦始皇。"看到回信后，家人立即让出三尺地基，吴家见状，觉得张家有权有势却不仗势欺人，深受感动，于是也后退了三尺，便形成了一条六尺宽的巷道，名谓六尺巷。两家礼让之事亦被传为美谈。

【原创】

把眼镜抹净，世界亦为之澄澈。

【译文】

每个人看别人都或多或少都带有主观意识，如果能将一切主观意识抛开，回归人物或事情的本质，就使得自己如同抹干净了眼镜一样，看什么都十分澄澈了。

【故事解读】

明代哲学家王阳明曾经告诉他的学生王艮“人人都可以成为圣人”。王艮个性狂傲，对这句话不以为然。有一次他出游归来，王阳明问他：“都见到了什么？”王艮故作惊讶地说：“我看到满街都是圣人啊！”这句话是在讥笑王阳明之前的言论。王阳明早就猜透了他的心意，于是就借力打力：“你看到满大街都是圣人，满大街的人看你也是圣人。”王艮尴尬地一笑：“都是圣人。”王阳明点头说：“对！人人都有可能成为圣人，谁也不比任何人差。”

【原创】

细水长流必成江海，微尘久累亦起峰峦。

【译文】

但凡成功都离不开坚持良好的习惯，名人如此，普通人亦如此。你的良好习惯的养成，就好像永不停息的小溪流，最终会汇集成江河湖海；也好像亘古不停积累的尘土砂石，最终会变成一座山峰。

【故事解读】

富兰克林有一个习惯，每天晚上都把一天的情形重新回想一遍。后来，他发现他有十三个很严重的错误，下面是其中的三项：浪费时间，为小事烦恼，和别人争论冲突。聪明的富兰克林发现，除非他能够减少这一类的错误，否则不可能有什么成就。所以他一个礼拜与一项缺点来搏斗，然后把每一天的输赢做成记录。在下个礼拜，他挑出另外一个坏习惯，准备齐全，再接下去做另一场战斗。富兰克林每个礼拜改掉一个坏习惯的战斗持续了两年多。难怪他成为美国历史上最受敬爱，也最具影响力的人之一。

【原创】

绝渡应记摇舟者，雪后无忘送炭人。

【译文】

人的命运总会有起有落，在困难时帮助过我们的人我们应该铭记在心。好比当我们安全渡过了波涛汹涌的大江时，怎么能忘记送我们过江的船夫呢？大雪过后天气暖和了，也一定要记住那些送过炭火助我们度过寒冬的人。

【故事解读】

孟尝君是“战国四公子”之一，手下养着许多门客。其中一位门客冯谖看似一无所长，但也受到孟尝君的厚待。有一次孟尝君派冯谖到薛地收债，并嘱咐冯谖为他买点需要的东西回来。到薛地后冯谖当着欠债人的面把债券都烧了，用慷慨之举为孟尝君买回来一个“义”字。不久之后孟尝君落难，回到自己的封地薛时，受到了当地人的拥护，渡过了难关。为了报答知遇之恩，冯谖巧妙地为孟尝君焚券买义，可见他的聪明才智与感恩图报。

【原创】

得恩如滋膏雨，春来必报以芳菲。

【译文】

乌鸦反哺、羊羔跪乳，动物都有感恩之心。花草树木也一样，当它们得到雨水滋润，到了适当的季节一定会开出绚烂的花朵以回报自然界。我们人类比动植物更高级，当然更要懂得感恩。

【故事解读】

东汉时期，九岁的杨宝在华阴山玩耍时，救了一只被老鹰咬伤的小黄雀回家。在杨宝精心地喂养下，不久小黄雀伤好飞走了。一天深夜杨宝正在夜读，一个黄衣小童来找他，说：“我本是西王母的使者，奉命前往蓬莱仙岛。半路不幸被鸱鹰所伤，多亏你救了我。”接着拿出了四枚晶莹的玉环送给杨宝，说“可保你的子孙四代人品高洁，出将入相”。后来，杨宝和他的儿子杨震、孙子杨秉、曾孙杨赐、玄孙杨彪都位居高官，并且公正廉洁，十分受人景仰。

何力

【原典】

沐浴晨光想一想，今天该怎样努力；踏着夕阳问一问，今天有多少收获。

【出处】

沁阳永威学校警示语。

【译文】

晨光代表希望，美好的时光不要浪费。沐浴晨光想今天要做什么，定下一天的目标方向。夕阳西下，一天工作结束，要总结自己收获如何。这与古人所说的“一日之计在于晨”“一日三省”一样。早晨“想一想”有计划，黄昏“问一问”有收获。日积月累，离成功也就近了。

【故事解读】

离中考只有两个月的时间，有一位教师临时接任一个普通班级的班主任。她为学生设计了一本册子，学生在早晨要填好一天的课表和课余的安排，精确到分钟。晚上学生用一节课回顾填写白天各科教师讲述的主要内容，包含理科的重点公式、文科类的关键词。若有不懂的必须去问老师或问同学，弄明白后要记下来。中考时这个班的学生成绩进步很大，上重点高中的人数远超其他班。

【原典】

天行健，君子以自强不息。地势坤，君子以厚德载物。

【出处】

西周文王姬昌《周易》。

【译文】

天的运行康泰良好，君子应该效仿天而自强不息；地的形势取法坤相，君子应该效仿地而厚德载物。

【故事解读】

2021 年 11 月一篇有关清华学子的文章火遍全网。这位学生来自安徽，为了省钱，2014 年从老家坐着硬座一路北上。他当年入学时奖学金和助学金共计 13000 余元，扣除学杂费，一年可支配的资金只有 6500 元。他给自己制定了严格的开支计划，每个月只能花 400 元。从研一开始，他每个学期拿出 3200 元，资助了 4 名家乡希望小学的孩子，为他们提供一学期的生活费、学杂费等。

他做到了很多人做不到的事，保留着从古至今备受推崇又稀缺的品质——“穷且益坚，不坠青云之志”“穷则独善其身，达则兼济天下”，身体力行诠释了清华的校训“自强不息、厚德载物”。

张旭丽

【原创】

少小须存志，求知贵有恒。

【译文】

屈原在《橘颂》中写道“嗟尔幼志，有以异兮”，也就是说人生要从少小立志，且与众不同。在求知的路上，胸怀大志，必须持之以恒、刻苦奋发才能成功。

【故事解读】

曾国藩是晚清名臣，一心仰慕圣贤之学，是一位真正把书读透并运用到生活中的人。他 14 岁参加县试，考了 7 次直到 21 岁才中秀才，他天资并不出众，但能吃大苦，不畏失败，自律图强，最终成为一位文可治国、武能安邦的奇才。

方仲永是王安石文中记载的一名神童，天赋极高，5 岁能诗，乡人多有出钱请他写诗，他父亲见有利可图，便不再让他学习，等他长到十多岁时，已与众人无异。方仲永的聪慧通达是天生的，但后天中断学习，终致一事无成，碌碌一生。

【原创】

莫放韶光过，勤修世用长。

【译文】

趁着年轻，不要浪费大好光阴，只有勤恳学习，知识宏富，学以致用，才是长久之道。

【故事解读】

诸葛亮少时师从水镜先生司马徽。为了计时，司马徽训练公鸡按时鸣叫，办法就是定时喂食。为了学到更多的东西，诸葛亮想让先生把讲课的时间延长一些，他上学时就带些粮食装在口袋里，估计鸡快叫的时候，就喂它一点粮食，鸡一吃饱就不叫了。先生开始很恼怒，但明白他的用意后，就被诸葛亮的好学精神所感动，对他更关心、更器重，对他的教育更毫无保留，而诸葛亮也就更勤奋了。通过努力，他终于成为一名上知天文、下识地理的饱学之士。

【原创】

读书常恨半瓢水，处事惟求一字真。

【译文】

读书就要端正态度，不可一曝十寒，半知半解；为人处事要真诚，不可虚情假意。

【故事解读】

苏秦是战国时杰出的政治家。其少时，由于学习不认真，学问浅，所到之处都不被看好。家人对他也很冷淡，瞧不起他。这对他的刺激很大。因此，他端正态度，发奋读书。他常常读书到深夜，很疲倦，常打盹，只想睡觉。于是他想出了一个办法，准备一把锥子，一打瞌睡，就用锥子往自己的大腿上刺一下。这样，猛然间感到疼痛，使自己清醒起来，再坚持读书，终于学有所成，成为一代名相。这就是苏秦“刺股”励志的故事。

【原创】

书能启智宜勤读，地不欺人莫怠耕。

【译文】

高尔基曾说：书籍是人类进步的阶梯。它能开蒙启智，使人摆脱愚昧，所以要勤钻苦读，养成良好的习惯，正如土地一样，只有勤耕才有收获。

【故事解读】

范仲淹少时家境窘迫，他在寺院读书时，为了不给寺院的师父增添负担，他每天夜晚在小灶里点燃自己拾的木柴，煮米粥。一边读书，一边续柴煮粥。一锅米粥煮好了，时间也已过了子夜，他便和衣睡去。第二天清早起来，锅里的米粥凉透了，已经凝固成圆圆的一整个。他拿出小刀，在凝固的粥块上面，划上一个“十”字，完整的一锅粥被分成了四块。他早晨吃两块，傍晚吃两块，解决一日两餐，这便是“划粥断齑”的故事。正是这种自律刻苦的生活习惯，造就了范仲淹这位中国历史上罕见的全才。

【原创】

一勤能补拙，多录记尤深。

【译文】

即使自己先天不足，只要勤奋向学，也会学有所成。抄录就是一个很好的学习方法和习惯，反复抄录，不但能加深记忆，还会增强理解力，做到永铭于脑。

【故事解读】

明朝文学家张溥，自幼天资平平，记忆力很差。他采用抄写的办法来学习。他先诵读一遍，然后开始抄写，并且一边抄一边在心里默诵……等他抄到第五遍的时候，就已经能够复述全文了。当他抄到第七遍的时候，他不仅领略了文章的意思，而且能够熟练地背诵了。为勉励自己，张溥把自己读书的屋子取名为“七录书斋”。正是靠着这种扎扎实实的抄写习惯，张溥的学问功底非常雄厚，最终使他成为一代文学大家。这个事例证明了，有智慧的人未必先天就很聪明，反而更多的是通过后天的努力。

【原创】

遇事存疑义，勤思始见真。

【译文】

不论遇到什么事，都不要人云亦云，而要深加思考，勤于钻研，来探求其本来的面目。

【故事解读】

陶弘景是我国本草学发展史上早期贡献最大的人物之一。他小时候，常听人说蜾蠃（是一种寄生蜂）不产子，以喂养螟蛉为子，因此人们把领养来的儿子叫作“螟蛉子”。陶弘景对此表示怀疑。他在村边的菜园子里找到一窝蜾蠃，蹲在菜地里专心致志地整天观察，觉察到它们中有雄也有雌。经过许多天的细致观察，陶弘景终于揭开了蜾蠃衔螟蛉的机密。原来蜾蠃也有自己的后代，螟蛉是被衔到窝里给幼虫当食物的，根本不存在“螟蛉义子”这回事。从此，陶弘景更感到，凡事最好亲自观察，绝不能人云亦云。

【原创】

育儿但使诚和信，报国唯求勇与忠。

【译文】

教育子女，必先树立其正确的道德观，培养其做一个诚实守信且具有家国情怀的人。华夏民族自古以来就有精忠报国、舍生取义的优良传统，“天下兴亡，匹夫有责”，是历代仁人志士的共同心愿。

【故事解读】

宋朝爱国诗人陆游，其家训教导后人要谦恭诚信，道德高尚，做一个爱国为民，心怀天下的人。他的后人因为有这样的家训和家风，一个个都品德高尚，报国为民。良好的家风就是一种道德的力量。有好的家风才会有好的家庭和社会环境，好家风需要一代又一代人传承下去。

【原创】

自古英雄兴伟业，由来孝子识亲恩。

【译文】

自古以来，只有英雄人物才能建立伟大的事业。古话说得好：不忠之人必不孝。只有忠厚之人，才知感恩，才能精忠报国。

【故事解读】

岳飞以“忠孝”名扬天下。史载，岳母有痼疾，岳飞“尝药进饵”，晨昏侍候，亲自调药换衣，无微不至；为照顾母亲休息和调养，连走路和咳嗽都不敢出声；四季衣被器用视节令更换，尽量使母亲愉悦。绍兴六年，北伐在即，岳母与世长辞。岳飞三天水浆不沾，哭红双眼，和儿子岳云一起扶母亲灵柩，赤脚从鄂州出发，送至江州南康（今江西九江县狮子镇株岭村）安葬。这则故事说明大忠之人才有大孝，才懂报恩。孝子对家庭承担的责任，与忠臣对国家承担的责任一样重大。

【原创】

知书识礼诚为贵，处世为人谦受尊。

【译文】

君子最可贵的品质是诚信。一个素质高的人，不仅拥有丰富的知识和多方面的技能，而且懂得怎样与人相处，怎样与人共事。这样的人无论在哪里都会受人尊重。

【故事解读】

列宁是十月革命的主要领导人。他有一次下楼，在楼梯狭窄的过道上，碰见一个女工端着一盆水上楼。那女工一看是列宁，准备自己退回去让路。列宁阻止她说：“不必这样，你端着东西走了半截，而我现在空着手，请你先过去吧！”他把“请”字说得很响亮，很亲切。然后自己紧靠着墙，让女工上楼了，他才下楼。列宁不因自己地位的高贵而无礼，这更显出了他伟大的品质。

【原创】

财是勤劳得，家因节俭兴。

【译文】

古人云“勤俭持家久”，要想发财致富，必须勤劳肯干，要想家庭兴旺长久，必须节俭戒奢。

【故事解读】

唐宋八大家之一的苏轼，做官期间他总是注意节俭，常常精打细算过日子。苏轼被降职贬官来到黄州时，由于薪俸减少了许多，他穷得过不了日子，后来在朋友的帮助下，弄到一块地，便自己耕种起来。

为了不乱花一文钱，他还实行计划开支：先把所有的钱计算出来，然后平均分成 12 份，每月用 1 份，每份中又平均分成 30 小份，每天只用 1 小份。钱全部分好后，按份挂在房梁上，每天清晨取下一包，作为全天的生活开支。拿到一小份钱后，他还要仔细权衡，能不买的东西坚决不买，只准剩余，不准超支。积攒下来的钱，苏轼把它们存在一个竹筒里，以备意外之需。

【原典】

鲁叟谈五经，白发死章句。问以经济策，茫如坠烟雾。

【出处】

唐代李白《嘲鲁儒》。

【译文】

鲁国的老先生谈论五经头头是道，不知时变，到老只是记住一些死的章句，不能联系实际解决任何问题。问他们该如何治理国家，他们就像坠入烟雾中，一头雾水，十分茫然。

【故事解读】

战国时期赵国名将赵奢之子赵括，年轻时学兵法，谈起兵事来父亲也难不倒他。后来他接替廉颇为赵将，在长平之战中，赵括自认为很会打仗，死搬兵书上的条文，到长平后完全改变了廉颇的作战方案，结果四十多万赵军尽被歼灭，他自己也被秦军箭射身亡。所以说读了经典就要学以致用，用来经邦治世、为人处事。这种观点直到今天仍然是正确的，有积极意义的。

【原典】

人生处万类，知识最为贤。

【出处】

唐代韩愈《谢自然诗》。

【译文】

在人生的一切事物中，最有益处的就是知识，说明知识是人生最有力的武器。

【故事解读】

中唐时，南充县有个女孩叫谢自然，没有读过书，因为缺少知识，听信了别人的传言，进入深山想修道成仙，结果丢了性命。人生于万物之中，掌握了知识，这是人与万物的一个根本区别。因为知识是最宝贵，最有用的。不读书，愚昧无知，就会做错事、走错路，甚至丢失性命。

【原典】

男儿出门志，不独为谋身。

【出处】

唐代杜荀鹤《秋宿山馆》。

【译文】

男儿离家到社会上去，他的志向必须远大，决不能仅仅为了自己谋生，混口饭吃。

【故事解读】

杜甫诗云“致君尧舜上，再使风俗淳”，他胸怀家国之情，不因个人的穷困潦倒而改变。他少时游走长安十年，食不果腹，“朝扣富儿门，暮随肥马尘”，想以干谒的形式求得仕途，虽吃尽苦头，饱受白眼，但报国之心永存，矢志不渝。一个人的能力有大有小，但志向不能过于低下。仅仅只是为了自己和自己的家人，完全不考虑国家、不考虑人民，这种志向是低下的、渺小的。人要有远大的志向与责任感，明确自己肩负着对他人和集体、对家庭、对社会与国家等的责任。

【原典】

只待高风便，非无云汉心①。

【出处】

唐代张文姬《沙上鹭》。

【译文】

读书人要有高远的志向，一有时机，就可乘势而上，鹏程万里。

【故事解读】

诸葛亮是三国时蜀汉著名的政治家、军事家。15 岁时随家人逃避战乱，离开山东老家辗转到湖北襄阳。17 岁时隐居在襄阳城西的隆中。诸葛亮少有大志，常把自己比作春秋时大政治家管仲和军事家乐毅。因此，他隐居隆中边种地、边修学，静观天下，待机而出。刘备在参与镇压黄巾起义军时，组成了一个实力不大的军事集团，屡被曹操击败，被迫辗转投靠，没有自己的固定地盘。为发展自己的势力，刘备到处访寻人才，他“三顾茅庐”，请诸葛亮出山辅佐。人要有远大志向，而要实现志向，还要等待时机并善于抓住时机。只有“云汉心”而无“高风便”，是不行的；但没有“云汉心”，即使“高风”再“便”也是不行的。

---

① 云汉心，即青云志，指向上进取，施展抱负之心。

【原典】

百年养不足，一日毁有余。

【出处】

宋代王安石《寓言九首》。

【译文】

很多事都不是一朝一夕就可以完成的，需要长期不懈地努力，一旦松懈，就可能将之前的努力全部付诸东流。

【故事解读】

周武王是个求贤若渴的人，他周围的国家和离得较远的一些小国都来朝拜，西戎也派出使者到周朝来拜贺，并带来了西戎特产的一种大狗进献给周武王，周武王因此兴高采烈。这时候太保召公向周武王进谏说："赠品无所谓贵贱，有德才显得物品的贵重，圣主不应乐此不疲地沉醉在玩物当中，这样会失掉德行，丧失志气。不收人家的东西人家更会臣服于你，作为德高望重的明主，最重要的是能够珍爱有能力的人，这才是国家稳定的大计，大德来自小德。"这则故事告诉我们，修身养德要用去毕生的心力，假如要毁掉自己、堕落下去，是很容易的事，一天也用不了。

【原典】

分得两头轻与重，世间何事不担当？

【出处】

清代陈衍辑《元诗纪事·卷四十一》。

【译文】

分得出轻重缓急，就分得出主要和次要。何愁不能为国家出力，担当大任。但能够做到这一点并不容易。

【故事解读】

曹操喜四处征战。有一次曹操的青州兵四处抢劫，被于禁追杀后，就去告发于禁叛变，恰好此时张绣叛变来攻，于禁就先扎下营寨再去见曹操。曹操问他怎么不先来解释，于禁认为分辩事小，退敌事大，曹操因此十分高兴，于是封他为益寿亭侯。后来败吕布、破袁绍，于禁与其他五良将都轮流任先锋官而表现优异。还有一次，曹操厌恶朱灵并想撤掉他的兵权，就派于禁去办，于禁手执文书，仅带数十骑就出色地完成了任务，他就是这样的令人畏惧，后来于禁被迁至左将军。只有善于分出事情轻重的人、善于抓住主次方面的人，才能担当社会上的许多大事、难事。

【原典】

春风来不远，只在屋东头。

【出处】

明代于谦《除夜太原寒甚》。

【译文】

冬天尽管十分寒冷，但春风就在房屋东头不远的地方，马上就会吹拂过来，给人们带来春天的温暖。

【故事解读】

华罗庚 19 岁时因病左腿变瘸，在近乎绝望的日子里，他想起了失去双腿后著兵法的孙膑。“古人尚能身残志不残，我才 19 岁，更没理由自暴自弃，我要用健全的头脑，代替不健全的双腿!”青年华罗庚就是这样顽强地和命运抗争。白天，他拖着病腿，忍着关节剧烈的疼痛，拄着拐杖一颠一颠地干活，晚上，他在油灯下自学到深夜。1930 年，他的论文在《科学》杂志上发表了，这篇论文惊动了清华大学数学系主任熊庆来教授。之后，清华大学聘请华罗庚当了助理教员。在名家云集的清华园，华罗庚一边做助理教员的工作，一边在数学系旁听，还用 4 年时间自学了英文、德文、法文，发表了多篇论文。他 25 岁时，已是蜚声国际的青年学者了。这则故事是说，人在任何艰难困苦的情况下，都不要悲观丧气，要树立信心，要有铮铮骨气与刚毅果敢的上进精神。

【原典】

曲目忌日影，谗人畏贤明。

【出处】

唐代孟郊《古意赠梁肃补阙》。

【译文】

弯曲的树木，害怕阳光照射出自己丑陋的身影。爱说别人坏话的小人害怕光明磊落、品德高尚的人。

【故事解读】

春秋时鲁国国君宣公，不顾时令，正当鱼虾繁衍的季节，为了自己的兴趣竟然下网捕鱼，被太史里革劝阻，当场撕破渔网，并向宣公指明生物有其自然生长的规律，绝不能在繁殖时期捕杀，以免造成自然资源的匮乏。宣公听了这些话以后说："我有过错，里革便纠正我，不是很好的吗？这是一张很有意义的网，它使我认识到治理天下的方法，让主管官吏把它藏好，使我永远不忘里革的规谏。"有个名叫存的乐师在旁伺候宣公，说道："保存这个网，还不如将里革安置在身边，这样就更不会忘记他的规谏了。"

【原典】

历览前贤国与家，成由勤俭破由奢。

【出处】

唐代李商隐《咏史》。

【译文】

纵览历史，凡是贤明的国家，勤俭是治国成功的一条重要经验，但不是唯一的经验；奢侈是使国家破败的一个重要原因，但也不是唯一的原因。一个王朝的兴衰，自有其更复杂、更本质的原因所在。

【故事解读】

道光皇帝是清朝最勤俭节约的一位帝王。当时清朝与回疆发生战争，大学士长龄等人取得胜利后回京复命，向道光帝献上战俘，道光于是宴请这些立下战功的将领们。二十个人挤在两个桌子上，每一桌只有五六个菜，在座的大臣都不敢举箸，那么多人几口就会把这区区几样菜吃光，吃光了皇帝哪还有面子？大家面面相觑，一群大臣就这么饿着肚子退了席。还有一次，他终于想要给皇后过个生日，就摆宴席宴请群臣，结果等了半天，每个人却只给上了一碗打卤面，据说还是道光下了很大决心才特批御膳房宰了两头猪做的。今天我们虽不用节俭到饿肚子，但勤俭节约的行为仍应积极倡导。

【原典】

人要适应环境，不能环境适应人。

【出处】

英国萧伯纳《人与超人》。

【译文】

皮卡尔认为："适应是智力的本质。"在当今竞争激烈、瞬息万变的社会中，只有具备了良好的心理适应能力，才能更好地适应社会环境，对自己所处的环境作出积极的应对或顺应，并能与环境之间保持平衡与协调的状态。良好的社会适应性使人能主动迎接挑战、拥有自信，也是人前进的力量。环境不会适应人，毕竟环境是被动的，而人是主动的。

【故事解读】

林徽因，中国近现代杰出的建筑师、诗人、作家，人民英雄纪念碑设计领导小组成员。她从小家境优越，家学渊源，没有在家做千金小姐，而是远赴海外留学。回国后，无论是在古建考察、流亡时期，还是生命的最后岁月，她都保持一份恬淡的心境。锦衣玉食过得，算不上本事；粗茶淡饭也过得，也算不上本事；从粗茶淡饭到锦衣玉食能看出一个人的素质，从锦衣玉食到粗茶淡饭才能看出一个人的教养。适应环境不仅仅是一种心态，更是一种能力。这则故事说明了一个道理，那就是良好的环境适应能力是人的一项重要的基本能力。没有良好的适应能力的人，往往受制于环境，不能很好地发挥出自己的特长和优势，甚至终其一生，难有大成就。

【原典】

进退求左右，得失观取舍。

【出处】

左名涛语。

【译文】

在知道事情的发展态势后，要懂得适时进退，在平稳中取得最佳的发展效果。在得与失之间，要能够客观地评价事物的好坏，能够正确地对事物做出切合事宜的取舍。若是形容人的话，人生有进有退，才能成就人生；看淡得失，不茫然于未来；懂得取舍，便能淡定从容。

【故事解读】

钱学森，世界著名科学家、空气动力学家，中国载人航天奠基人，中国“两弹一星”功勋奖章获得者，被誉为“中国航天之父”“中国导弹之父”“中国自动化控制之父”和“火箭之王”。中华人民共和国成立后，钱学森舍弃了美国20万美金年薪的优厚待遇毅然回国，为祖国做贡献，在个人享受和国家强大方面，他选择了国家。这则故事告诉我们，人在世间，有太多的得与失，同样也面临太多的取与舍，正所谓鱼和熊掌不可兼得。无论是赛场上的冠军，还是商场上的赢家，或是职场上的精英，只有懂得什么时候前进，什么时候退回，懂得适时舍弃，你就能更好地保持。不愿舍弃一分一毫，最终你将损失殆尽，一无所有。

【原典】

结交须胜己，似我不如无。

【出处】

明代佚名《增广贤文》。

【译文】

结交朋友，就要找道德品行、文化素质胜过自己的人，在他们身上能够学到更多的优秀的东西。找与自己差不多的或不如自己的人，还不如不交。当然这也不是绝对的，如果人人都只交结超过自己的人，那么所有的人都很难交到朋友了。再说，“三人行，必有我师焉”，每个人身上都有自己的闪光点，懂得欣赏别人的长处，也是一种善于交友的表现。

【故事解读】

祖逖与刘琨闻鸡起舞的故事应该是最好的例子，在一起共同进步、一起成长的朋友才是值得结交的。但这里我要说真实发生在身边的交友不慎的故事，我的堂哥从小是一个十分聪明的人，在学习上，别人很难掌握的知识他却能很快地掌握，光是小学、初中的奖状就贴了满满一墙壁，是家长们常说的“别人家的孩子”。可是，在他高二上学期的时候，一切都变了，因为他结交了几个“不良”朋友。开始跟着他们一起逃课去网吧，还学会了打麻将、斗地主，成绩直线下降，高三时他直接辍学了。这个故事让我们明白了，朋友就像我们身边的一面镜子，它既映射我们自己的行为，也帮助我们改进自己。如果你交到的都是整天游手好闲，无所事事的人，久而久之你也会变成那样。

【原典】

不惮人言，不畏世俗，不弃自我。

【出处】

苏育生主编《中华妙语大辞典》。

【译文】

不要忌惮他人的言语，不要畏惧世俗的眼光，不放弃原本的自我，努力做最好的自己。其实，言语犀利和有色眼镜并不重要，重要的是我们的心。我们的心明亮，世界就明亮，走好眼下最坚实的每一步，前面才会海阔天空。

【故事解读】

著名的画家梵高，是一位具有真正使命感的艺术家。生前，他的画一直被世人否定，从没得到过认可，导致他的性格越来越孤僻。他不善言语，自卑感与日俱增，这种境遇下，梵高仍坚持着自己的梦想，现如今他的画已成为世界名画，被世人所传颂。梵高的故事让我们明白了一个道理，那就是：在任何时刻都要坚持自己的理想，不要太在意别人的看法。因为别人的看法永远是别人的看法，有赞美就会有批评，谁都无法让所有人都满意，重要的是有自己的主见。

【原典】

背恶向善，不贪于财，不苟于利。

【出处】

西汉陆贾《新语·慎微》。

【译文】

背弃丑恶，追求善良，不贪图不属于自己的钱财，不用不正当的手段谋取私利。

【故事解读】

在一家卖衣服的店铺里，有位顾客买一件衣服要30元，他从口袋掏钱时掉下一张100元的钞票，顾客并没有发现。营业员看见后悄悄把钱踩在了脚下，顾客拿出10元钱，对营业员说："不好意思，我身上只有10元钱，等会我再把剩余的钱送来好吗?"营业员很爽快地答应了，她想：你掉在地上有100元，就是你不来，我也赚了。顾客拿走衣服后，营业员立刻把地上的钱捡起来，一看，竟是一张假币。这则故事告诉我们，贪念使人失去了清纯的心，人在贪得无厌中，反而失去许多原来就拥有的福气。贪婪常常会挡住我们的视野，使我们看不到真正的目标。

【原典】

博学而笃志，切问而近思。

【出处】

《论语·子张》。

【译文】

博学是从各方面广博地去学习，以开拓知识的范围；笃志是向远处大处立个志向，立了志向，就要坚定不移；切问是切切实实地问；近思是由近及远地想。

【故事解读】

颜习斋，清初思想家、教育家、颜李学派创始人。他从小所受的教育就与众不同，不仅研究天象、地理及兵略，学医、学兵法，还学习技击。如此广泛的涉猎，为他教育思想上的创新打下了坚实的基础。他践行，学任何一件事都要坚定不移，不是凡事心中了了、口中说说、笔下写写，而要身体力行。这则故事说明，人不仅要有志，还要有识，用博学、审问、慎思、明辨、笃行充实自己，锻炼自己，健全自己。

陈丽娟

【原典】

论人之非，当原其心，不可徒泥其迹；取人之善，当据其迹，不必深究其心。

【出处】

清代金缨《格言联璧·接物类》。

【译文】

议论他人的错误，应当探究他人的本心，不能只局限于他外在的行为表现；学习他人的优点，要首先观察他的行为表现，不必深究他的本心。

【故事解读】

俗话说，不可以貌取人。不能光凭外在的表现，就对人下结论，这样往往会看错人。一定要观察他的言行举止，了解他的道德品质，方可评价其人。他人所犯的过失，主要由两方面所致，一是因为自身失误，或者说是一时的疏忽；另一方面是因为私心，为了谋求个人利益。前者根据实际情况可以给予一定的谅解，后者就应给予严厉的责罚。

【原典】

小人亦有好处，不可恶其人，并没其是；君子亦有过差，不可好其人，并饰其非。

【出处】

清代金缨《格言联璧·接物类》。

【译文】

小人也有优点，不能因讨厌小人，而将其优点一律抹杀；君子也有过错，不能因为喜欢君子，就把他的过错隐藏不提。

【故事解读】

尺有所短，寸有所长。每个人都有自己的优点，也存在一些缺点。小人确实可恨，但并不是一无是处，小人变坏并不都是自己想学坏，父母、老师、社会都有责任，所以评价小人不能全盘否定，在否定其行为的同时，也应看到他自身的优点，给予积极教导，给予其改过自新的机会。君子之名人人爱好，但君子也并不是完美无缺的，他们同样存在着缺陷，不能盲目崇拜，忽略个人的缺陷，一定要取其所长，补己之短。

【原典】

待小人宜宽，防小人宜严。

【出处】

清代金缨《格言联璧·接物类》。

【译文】

对待小人适宜包容，提防小人应该严密。

【故事解读】

生活中，要与各种人打交道，面对不同的人要用不同的处世之道，才会拥有和谐的人际关系。待君子易，待小人难，待有才的小人则更难，待有功的小人则是难上加难。与小人相处，要宽容谨慎，如果小人有功，可以优厚地奖赏他，但不可以虚情假意欺骗他。害人之心不可有，但防人之心不可无。小人常在暗中耍阴谋诡计，使人防不胜防，如不时时加以防备，很可能就会成为被算计的对象。

【原典】

闻恶不可遽[1]怒，恐为谗人泄忿；闻善不可就亲，恐引奸人进身。

【出处】

清代金缨《格言联璧·接物类》。

【译文】

听到厌恶的事情不能马上就愤怒，以免被喜欢谗言的人利用来发泄心中的怨恨；听到讨人欢心的好事也不能一味亲近，以免给奸诈之人可乘之机。

【故事解读】

怒从心头起，恶向胆边生。遇到不公平的事情，不要随便表露自己的感情，一定要保持冷静的头脑，才不会乱了方寸。处于愤怒中的人最容易失去理智，做出一些过激行为，事后又追悔不已，所以培养自己的忍耐性，节制愤怒是减少祸患的重要途径之一。要防止遇喜则得意忘形，遇忧则忧心忡忡。

① 遽：匆忙，马上。

【原典】

修己以清心为要，涉世以慎言为先。

【出处】

清代金缨《格言联璧·接物类》。

【译文】

修身养性应以清心寡欲为要点，为人处世应以谨慎言行为前提。

【故事解读】

心无牵挂是一种觉悟，又是一种境界；心无牵挂是一种智慧，也是一种思维。心无牵挂，是童心无邪，是朴质的智慧，更是平凡的生活；它是生命的原点，是一种至高的人生境界。身居吵闹的都市亦不为万念所动，心平气和、心明如镜，清新自然、诙谐幽默，这就是清心寡欲的魅力所在！

【原典】

人生惟酒色机关[①]，须百炼此身成铁汉；世上有是非门户，要三缄其口学金人[②]。

【出处】

清代金缨《格言联璧·接物类》。

【译文】

人生路上遍布美酒女色的机关，必须努力修行成为经得起诱惑的铁汉；世上有许多是非之事，要保持沉默，向慎言之人学习。

【故事解读】

金人：指慎言之人，出自《孔子家语·观周》："孔子观周，遂入太祖后稷之庙，庙堂右阶之前，有金人焉。三缄其口，而铭其背曰：古之慎言人也。"一张嘴巴用好了可以建功立业，抵得上千军万马，可以位极人臣，但稍有不慎也可能招来满门抄斩的祸患。春秋战国的纵横名家各方游说，真可谓：三寸不烂之舌，可敌百万之师；不伤一兵一卒，可夺得他人城池，为自己效力的国家创下赫赫业绩。曹操手下的杨修才学出众，可惜最后因恃才放纵不慎言而被杀。

---

① 机关：陷阱。

② 金人：典出刘向《说苑·敬慎篇》："孔子之周，观于太庙。左陛之前，有金人焉。三缄其口，而铭其背曰。"云云。故事意在告诫人们要慎言。

【原典】

观富贵人，当观其气概，如温厚和平者，则其荣必久，而其后必昌；观贫贱人，当观其度量，如宽宏坦荡者，则其福必臻①，而其家必裕。

【出处】

清代金缨《格言联璧·接物类》。

【译文】

富贵的人，应当观察他的为人，如果性情温厚和平，那么其荣华富贵必会保持长久，其子孙后代也必会繁荣昌盛；贫贱之人，就应当看其度量，如果性情宽宏坦荡，那么其福气必将马上到来，而其家境也定会宽裕起来。

【故事解读】

性格决定命运，是有道理的。一个人性格好，就可以广交朋友，为成功积累人脉；一个人性格暴躁凶残，就会树立敌人，令人敬而远之，甚至会遭到报复。性情温和，可保养身心、益寿延年。如果教传给子孙后代，形成良好的家风，便能世代繁荣昌盛。有些人虽然经济方面贫穷，但他们并不低贱，甚至比富贵之人更显高尚，更令人尊崇。

① 臻：到。

【原典】

宽厚之人，吾师以养量；缜密之人，吾师以炼识。慈惠之人，吾师以御下；俭约之人，吾师以居家。明通之人，吾师以生慧；质朴之人，吾师以藏拙。才智之人，吾师以应变；缄默之人，吾师以存神。谦恭善下之人，吾师以亲师友；博学强识之人，吾师以广见闻。

【出处】

清代金缨《格言联璧·接物类》。

【译文】

宽容敦厚的人，我学习他的修养度量；文思缜密的人，我学习他的练达与见识。慈祥聪明的人，我学习他的领导才能；勤俭节约的人，我学习他的持家能力。明智通晓事理的人，我学习他的智慧；质朴无华的人，我学习他的深藏不露。有才智之人，我学习他的应变能力；沉默寡言的人，我学习他的修养身心之道。谦虚恭敬之人，我学习他亲近师友的做法；博闻强识之人，我就学习他的远见卓识。

【故事解读】

孔子云："三人行，必有我师焉。"如能敏而好学，不耻下问，便能增进才识，成就一番事业。有的人文思缜密、聪慧，我们便学习他的理解辨析能力；有的人德高望重，我们便学习他的德行与涵养；有的人善于处理人际关系，我们便学习他的交际与沟通能力。认识到别人的长处，也要发现自身的缺点，向比自己强的人学习，这样才能提高自己。与人交往要学会取长补短，逐渐完善自我。

【原典】

遇刚鲠①人，须耐他戾气；遇俊逸人，须耐他妄气；遇朴厚人，须耐他滞气；遇佻达②人，须耐他浮气。

【出处】

清代金缨《格言联璧·接物类》。

【译文】

遇到刚强耿直的人，需要耐得住对方的暴戾之气；遇到俊逸洒脱的人，需要耐得住对方的胆大妄为；遇到朴实敦厚的人，需要耐得住对方的迟钝缓慢；遇到轻浮戏谑之人，需要耐得住对方的虚浮之气。

【故事解读】

与人相交时，不可求全责备，最好忽略他人之短，去学习对方的长处。就像沙中取金一般，目的是为了得到金子，不要太过计较沙子的好坏。这样与人相处，不会不融洽。生活中的烦恼、事端，冷静处理就会烟消云散，如果斤斤计较，就会越来越复杂。

---

① 刚鲠（gěng）：刚强正直。

② 佻达：轻薄放荡，轻浮，轻佻。刘元卿《贤奕编·闲钞下》："今富贵家佻达子弟，乃有以亡丝绞缎为裤者，其暴殄过分，亦已甚矣。"

【原典】

人褊急[①]，我受之以宽宏；人险仄[②]，我待之以坦荡。

【出处】

清代金缨《格言联璧·接物类》。

【译文】

遇到心胸狭窄、急躁冒进之人，要以宽宏大量的胸怀接受他；遇到阴险邪恶之人，要以坦荡的心胸对待他。

【故事解读】

对待不同性格的人，要用不同的方法。器量小且性情急躁的人容易相处，因为他们只是在德行方面修养不够，并没有什么邪恶的念头，只要我们有宽宏的气量，不与他争执计较就可以了。但用心险恶的小人就不好对付了，如果一味迁就忍让，给予宽容，很可能会使对方得寸进尺，甚至向我们展开进攻，所以，要及时地给予反击，给予一定的制裁，打击其嚣张的气焰，才不会让我们受其伤害。

---

① 褊急：气量狭小，性情急躁。《诗·魏风》："魏地陿隘，其民机巧趋利，其君俭啬褊急。"孔颖达疏："褊急，言性躁。"

② 险仄：奸邪阴险。

【原典】

持身不可太皎洁，一切污辱垢秽，要茹纳[1]得；处世不可太分明，一切贤愚好丑，要包容得。

【出处】

清代金缨《格言联璧·接物类》。

【译文】

修身不能太洁白纯净，最好能容纳所有的污秽诟病；处世不能太过分明，最好能够包容所有的贤愚美丑。

【故事解读】

凡事过犹不及，人太过精明，不是好事，反而会树立敌人，招来横祸。人太过精明需要暗藏在深厚中才能收到成效。古人所遭遇的祸患，精明人占了十之七八，比如杨修之死。敦厚之人却很少遭遇灾祸。三国时期，吴国派了两位辩士去蜀国，这二人相互争辩起来，诸葛亮对此深感忌讳，后来二人都因罪被杀。原因就是两人对某些事的黑白太过分明。

---

① 茹纳：容纳，包容，容忍。

【原典】

宇宙之大，何物不有，使择物而取之，安得别立宇宙，置此所舍之物？人心之广，何人不容，使择人而好之，安有别个人心，复容所恶之人？

【出处】

清代金缨《格言联璧·接物类》。

【译文】

宇宙之宏大，什么东西没有呢？如果只选择对自己有用之物，怎么能另外建立一个世界，放置自己不需要的东西呢？人心之宽广，什么人不能容呢？如果只选择对自己好的人与之交往，那么又怎能有另一个心，去容纳自己所厌恶的人呢？

【故事解读】

心胸坦荡，气量宏大是伟大之人的气概。抛去胸中荆棘，以便与人没有隔阂地坦然交往，这便是天下第一乐事。处世不可太过严苛，过分挑剔，麒麟凤凰，虎豹蛇蝎，都是自然界生命的一分子，只要它们不危害我们，为什么非要用不同的心对待呢？如果我们能用宽容的胸怀对待万物，就更能感受世界的博大与美好。

【原典】

德盛者，其心和平，见人皆可取，故口中所许可者多；德薄者，其心刻傲，见人皆可憎，故目中所鄙弃者众。

【出处】

清代金缨《格言联璧·接物类》。

【译文】

德行高尚的人，心气平和，觉得每个人都有可取之处，所以他口中称赞的人多；德行浅薄的人，心存刻薄傲气，见谁都觉得憎恨，所以眼中鄙视的人多。

【故事解读】

与人相处，可贵之处在于能包容他人的缺点，欣赏他人的优点。对于他人的优点，适时地给予诚恳的赞许，不仅是对他人的一种鼓励，而且可以增进友谊。圣人之所以被尊敬，因为圣人看人，觉得人人都是圣人；不肖之人看人，则皆是不肖者。世人喜欢说天下没有好人，其实是因为他们不能够忠心待人，不能够宽恕他人，所以眼中看到的只是坏人。

【原典】

善处身者，尤善处世，不善处世，贼身者也；善处世者，必严修身，不严修身，媚世者也。

【出处】

清代金缨《格言联璧·接物类》。

【译文】

善于修身养性的人，必定善于处世，不善于处世的，就容易伤害身心；善于处世的人，必定严于修身养性，不严于修身的人，定是看风使舵的人。

【故事解读】

修身养性是为了更好地处世，不善处世的人必定是身心方面的修养不够。所以，在日常生活中，需要下一番功夫修炼自己的身心。善于处世的人在日常生活中特别注重身心的培养，如不注重修养身心，就会定力不够，遇事惊慌失措，难有所持。可见，两者互为因果，相互促进，如果一方出现差错，另一方必会有所反应。只有统筹兼顾，才会相辅相成。

【原典】

爱人而人不爱，敬人而人不敬，君子必自反也；爱人而人即爱，敬人而人即敬，君子益加谨也。

【出处】

清代金缨《格言联璧·接物类》。

【译文】

爱戴别人而别人不以爱心待自己，尊敬别人而别人对自己不以礼相待，这样的情况君子必会自我反省；爱戴别人而别人就会以爱心对待自己，尊敬别人而别人就会尊敬自己，此时的君子应更加谨慎自己的言行。

【故事解读】

人与人之间的尊重是相互的，尊重别人其实是尊重自己。一个人不懂得尊重自己，简直无药可救，不与这样的人来往是明智的选择。常言道，人敬我一尺，我敬人一丈。如果与人相交能心平气和，有了矛盾争端能互相体谅一番，就会小事化了，对双方来说皆大欢喜。如果争执不休，互不相让，就会徒增烦恼，伤害的也必是双方，谁都不得好过。

陈永梅

【原典】

富家不用买良田，书中自有千钟粟。

【出处】

宋代赵恒《劝学诗》。

【译文】

好好读书考取功名，不用购买土地也会有丰厚的粮食，好好读书，金榜题名，自然就会得到黄金万甲的华丽屋舍。

【故事解读】

这是宋代赵恒对莘莘学子的劝诫，如果一个人好好学习，考取功名，自然能吃饱穿暖，一个人好好读书，就能拥有舒适的房舍。在古代，考取功名无疑是脱离贫困的唯一出路，现在也是我们走上成功之路的捷径，所以我们要好好读书，读好书，益处无穷。

【原典】

去留无意，看庭前花开花落；宠辱不惊，望天上云卷云舒。

【出处】

明代陈继儒《小窗幽记》。

【译文】

不在意失得，为人做事能视宠辱如花开花落般平常，才能不惊；视职位去留如云卷云舒般变幻，才能无意。

【故事解读】

一副对联，寥寥数语，却深刻道出了人生对事、对物、对名、对利应有的态度：得之不喜，失之不忧，宠辱不惊，去留无意，这样才可能心境平和、淡泊自然。“看庭前”三字，大有“躲进小楼成一统，管他春夏与秋冬”之意，而“望天上”三字则又显示了放大眼光，不与他人一般见识的博大情怀；云卷云舒更有大丈夫能屈能伸的崇高境界。这是一种对人生变幻淡然处之的闲云野鹤的生活态度，反映了浓厚的道家思想，豁达乐观不强求，值得大家学习与思考。

【原典】

有志者事竟成，苦心人天不负。

【出处】

清代蒲松龄的对联。

【译文】

有志的人，如同项羽，破釜沉舟，秦关终属楚国；苦心的人，如同勾践，卧薪尝胆，也能消灭吴国。

【故事解读】

化用项羽破釜沉舟、勾践卧薪尝胆最终成功的事，说明朝着目标持之以恒必会成功，勉励人自信自强，催人奋进，气势磅礴。蒲松龄以此联勉励自己完成了不朽的《聊斋志异》，窦宪燕然勒功斩匈奴，宋濂凛冬抄书雪下随师行深山巨谷成就大学问，项羽勾践不成功便成仁为天下称颂。他们在艰苦的环境下，肯吃苦，熬得下去才获得了成功，我们面对求学、工作，也要有这种精神。

【原典】

知人者智，自知者明；胜人者有力，自胜者强。

【出处】

老子《道德经》。

【译文】

能了解、认识别人叫作智慧，能认识、了解自己才算聪明。能战胜别人是有力的，能克制自己的弱点才算刚强。

【故事解读】

别人并不是自己真正的对手或者敌人，只有了解自己，战胜自己才是所谓的真正的强者，超越自己的极限才能把我们带到更好的境地。因为人是变化的，美妙人生里，提升自己才是准则，学习他人长处、改掉短处、成为更好的自己是目的。这反映了老子道家的先进思想。

陈静

【原典】

出言必学诗，立世先知礼。

【出处】

《论语·季氏第十六》：不学诗无以言，不学礼无以立。

【译文】

孔子非常重视礼教。他提出：要好好学习《诗经》。诗中有丰富的情感，通过精妙的词句表达喜怒哀乐。学诗能滋养灵魂，明达志向。一个人做人做事要守规矩，注重礼节，讲究上下尊卑、长幼有序，由此品德如一、社会安稳。不讲礼节则危患自生。

【故事解读】

有一天，孔子的学生陈亢问孔子的儿子伯鱼："你在你父亲那里学到了什么密传吗？"伯鱼回答说："没有啊！有一次我父亲一个人站在堂上，我快步经过。他就问：'你学《诗》了吗？'我回答说：'没有。'他就说：'不学《诗》，就不知道怎么说话。'我回去后便开始学《诗》。又有一次，他又一个人站在那儿，我又快步经过。他问道：‘你学《礼》了吗？’我回答说：‘没有。’他就说：‘不学《礼》，就不知道怎么立身。’我回去后便开始学《礼》。我私下里只听到这两番教训。”陈亢退下后高兴地说：“我问一件事却得到了三方面的收获：一是应该学《诗》，二是应该学《礼》，三是知道老师并不偏爱自己的孩子。”

【原典】

人无远虑，必有近忧。

【出处】

《论语·卫灵公》：子曰：人无远虑，必有近忧。

【译文】

人生没有了目标，也就没有了希望，也就丧失了动力。所以任何人做某一件事情，都应该考虑长远，计划周密，不能鼠目寸光。如此才能将事情做得圆满。

【故事解读】

三国时期，曹操出兵来攻打东吴。东吴孙权召集文武百官研究对策，大将吕蒙建议在濡须口修筑船坞。孙权称赞道：“人无远虑，必有近忧。吕蒙有远见。”于是连夜修建。等魏军到时，船坞已修好，魏军在这一战中损失惨重。

【原典】

鸿鹄高飞，一举千里。

【出处】

汉代司马迁《史记·陈涉世家》：嗟乎！燕雀安知鸿鹄之志哉！

【译文】

有志者，事竟成。要搏击长空，必须成为雄鹰；要遨游大海，必须成为鲸鱼；要坐拥森林，必须成为虎豹。不同的志向决定了人不同的命运。凡成大事者，无不胸怀大志，并锁定目标砥砺前行。

【故事解读】

秦朝末年有个叫陈胜（字涉）的人，是当时的农民起义领袖之一。陈胜小时候家里很穷，经常被人雇佣耕田。一天，他在耕作休息时，对社会的不公平现象，越想越气愤，就对旁边的人说：如果有一天我变得富裕了，一定不会忘记你们的。同伴听了他的话，都讥笑他是异想天开，白日做梦。他不禁叹息说：唉，燕雀怎能理解鸿鹄的远大志向呢！人只要有抱负和决心，等待时机到来就可以施展自己的才能。后来，陈胜、吴广发动反秦起义，“斩木为兵，揭竿为旗”，在大泽乡燃起了中国历史上第一次农民起义的烽火。起义军打下了陈县（今河南淮阳）后，陈胜召集陈县父老商量。大家说：“将军替天下百姓报仇，征伐暴秦，这样大的功劳，应该称王。”陈胜就被拥戴称了王，国号“张楚”。

根据这个故事，后人引申出了“鸿鹄之志”这句成语，比喻胸怀远大志向。

【原典】

正身直行，众邪自息。

【出处】

汉代刘安《淮南子·缪称训》：圣人不求誉，不辟诽，正身直行，众邪自息。

【译文】

正身直行是中国传统文化的优秀思想，只有把好人生之舵、培固思想之元、守好为政之本，使凛然正气充塞于心，才能在新时代新征程中行稳致远。

【故事解读】

唐代元德秀任地方县令期间，立志以圣贤之风勤勉于政，坚持洁身自好、持身以廉，从不收受贿赂，过着“禄薄俭常足，官卑廉自高”的生活。他在鲁山做县令三年期满离任时，只有一匹薄布，别无分文，百姓与之挥泪而别。

北宋名臣包拯性情刚正忠厚，识清气劲，有凛然不可夺之节。《宋史·包拯传》记载：“拯立朝刚毅，贵戚宦官为之敛手，闻者皆惮之。”包拯无欲则刚、执法严明、不徇私情，凡以私人关系请托者，一概拒绝，因此能够达到众邪自息的境界。

【原典】

舟覆见善游，马奔见良御。

【出处】

汉代刘安《淮南子·说林训》。

【译文】

翻船的时候，才能看出谁是真正会游泳的人；马狂奔的时候，才能看出谁是真正的好车把式。真正有本事的人，平时是深藏不露的。

【故事解读】

老子和弟子路过一村头，看到两个老人在下棋，老子问：“请问您是不是琴棋书画都很精通呢？”棋手说：“对不起，我只懂得下棋，其他方面我不懂。”老子的弟子非常开心地说：“我琴棋书画样样都有研究！”老子问道：“那你最精通的是哪一个领域呢？”弟子哑然，回答不上来。老子告诉弟子，刚才的老先生是棋界第一高手，一个人不可能样样都会，什么都会的人，不可能有一样精通的。

【原典】

程门立雪，重教尊师。

【出处】

《宋史·杨时传》：杨时见程颐于洛。时盖年四十矣。一日见颐，颐偶瞑坐，时与游酢侍立不去。颐既觉，则门外雪深一尺矣。

【译文】

中国是礼仪之邦，尊师重教一直是我们信奉的传统。百年大计，教育为本；教育大计，教师为本。教育青少年学生尊师重教，其目的是教育学生通过尊师更好地学习知识，学会做人。教师得到了充分尊重，才能够把其积累的经验和知识毫无保留地传给下一代。

【故事解读】

杨时是北宋时一位很有才华的人，中了进士后，他放弃做官，继续求学。程颢、程颐兄弟俩是当时很有名望的大学问家、哲学家、教育学家。杨时仰慕二程的学识，投奔洛阳程颢门下，拜师求学。四年后程颢去世，又继续拜程颐为师。这时他年已四十，仍尊师如故，刻苦学习。一天，大雪纷飞，天寒地冻，杨时碰到疑难问题，便冒着凛冽的寒风，约同学游酢一同前往老师家求教。当他来到老师家，见老师正坐在椅子上睡着了，他不忍打搅，怕影响老师休息，就静静地侍立门外等候。当老师一觉醒来时，他们的脚下已积雪一尺深了，身上飘满了雪。老师忙把杨时两人请进屋去，为他们讲学。后来，“程门立雪”成为广为流传的尊师典范。

【原典】

迎送守礼节，出入正衣冠。

【出处】

《诗经·小雅·楚茨》：为宾为客，献酬交错，礼仪卒度。

【译文】

礼仪，是人们在社会交往活动中，为了相互尊重，在仪容、仪表、仪态、仪式、言谈举止等方面约定俗成且共同认可的行为规范，是人与人之间沟通交往、建立和谐关系的基础。

【故事解读】

公元前521年春，孔子徒步前往守藏史府去拜望老子。正在书写《道德经》的老子听说誉满天下的孔丘前来求教，赶忙放下手中刀笔，整顿衣冠出迎。孔子见大门里出来一位年逾古稀、精神矍铄的老人，料想便是老子，急趋向前，恭恭敬敬地向老子行了弟子礼。

进入大厅，孔子再拜后才坐下来。老子问孔子为何事而来，孔子离座：“我学识浅薄，对古代的‘礼制’一无所知，特地向老师请教。”老子见孔子这样诚恳，便详细地讲授了自己的见解。

回到鲁国后，孔子对他的学生说：“老子博古通今，通礼乐之源，明道德之归，确实是我的好老师。”

【原典】

俭能立名成业，侈必堕落自败。

【出处】

宋代司马光《训俭示康》：然以功业大人莫之非，子孙习其家风，今多穷困，其余以俭立名，以侈自败者多矣，不可遍数。

【译文】

这是文史家司马光告诫儿子的。意为因节俭可立身扬名，因奢侈可身败名裂。“俭”是立名的法宝，“侈”是败身的祸根。

【故事解读】

理学家朱熹历仕四朝却一生淡泊名利，安守清贫。一次，他去看望女儿女婿，未料女婿不在家，女儿留他吃午饭。因家中贫困，女儿只端出几碗大麦饭和一碗葱汤，对父亲很是愧疚。朱熹却不以为然，开开心心地吃了，并告诉女儿俭朴度日是我们的良好家风，对于饮食，不要计较多少和好坏。

石崇，西晋时的著名富豪，喜炫富、斗富。后来仕途不得志乃在洛阳城北二十里河阳购置别墅金谷园，招集天下文人结社吟诗，好不风流。绿珠是石崇的宠姬，貌美且能歌善舞，被赵王司马伦的手下孙秀看上了。石崇的外甥欧阳健曾得罪孙秀，孙秀得志后向石崇索要绿珠，石崇不给，于是被诬为乱党，夷三族，绿珠也为了他坠楼。孙秀杀石崇全家 15 口，夺其家产。石崇以奢靡夸人，终招来杀身之祸。

【原典】

惟俭助廉，惟恕成德。

【出处】

《宋史·范纯仁列传》：惟俭可以助廉，惟恕可以成德。

【译文】

只有节俭可以使人廉洁奉公，只有宽容可以使人养成好的品德。一个人要想保持清廉的节操，平常就要养成俭约的美德。要怀有忠恕之心，凡事为他人着想，关心别人、顾念别人。

【故事解读】

吉利集团李书福这个贫寒出身的富翁抠门的作风，与其身价一样出名。在李书福的穿戴上，最为著名的是他的那双鞋。在接受中央电视台采访时，李书福表示其穿的是浙江一家企业生产的皮鞋，物美价廉，结实耐用，价格只需 80 元。他拉着自己的衬衣问坐在旁边的总裁助理："咱们的衬衣多少钱?""30 元。"助理回答。"这也是纯棉的，质量很不错。"李书福还拉着自己的印有"吉利"字样的衬衣让记者看。

但李书福乐善好施，曾与其他 15 位浙江民营企业家一起发出倡议："个人财富过多，会成负累，会奴役人性；热心扶贫济困，就是为自己减'负'，就是给自己'治病'。乐善好施越多，则个人实现的价值越大。超越自我，从'功利'浙商向'公利'浙商转变，从企业家迈向慈善家。"并用实际行动兑现诺言。

【原典】

克己治怒，明理治惧。

【出处】

《近思录·为学大要》：克己可以治怒，明理可以治惧。

【译文】

克制自己可以平息怒气，明白事理可以消除恐惧。克己自律能够使自己变得更加优秀。得失荣辱、悲欢离合乃人生之常态。倘若没有好的心态，则会深陷其中而不能自拔，伤身伤神。或冲动之下产生误判，损及事业之根本。

【故事解读】

从前有一个县官，非常孝敬父母，最恨不孝的犯人，判罪也特别重。一天，有两个人捆了一个嘴里塞着东西的年轻人来见官，说这年轻人是个不孝之子，不但骂他娘还要打他娘，把他捆住后仍不停地骂，因此用东西把他的嘴巴堵着。县官一听，火冒三丈，立即吩咐重打五十大板，把那年轻人打得皮开肉绽。这时，有个老婆婆拄着拐杖进来，边哭边诉道：刚才有两个强盗来抢我家的牛，我儿子一个人打不过两双手，被强盗绑了去，不知弄到哪儿去了，请求老爷赶快替我找儿子，我就只有这么一个孝顺的儿子呀。县官这才明白，原来打的人是个孝子。真是一时性急，判错了案。

【原典】

学须务实，莫近名利。

【出处】

《近思录·为学大要》：学者须是务实，不要近名方是。

【译文】

务实是做人之根本，只有脚踏实地，才能到达人生的彼岸。“务实”的天敌是“名利熏心”。只有淡泊名利，才能低下头来深耕事业与人生。淡泊，并不是力不能及的无奈，也不是心满意足的自赏，更不是碌碌无为的哀叹，而是超脱世俗的诱惑和困扰，豁达、客观地看待一切。

【故事解读】

当代大学者钱锺书，终生淡泊名利，甘于寂寞。他谢绝所有新闻媒体的采访。中央电视台《东方之子》栏目的记者，曾千方百计想冲破钱锺书的防线，最后还是不无遗憾地对全国观众宣告：钱锺书先生坚决不接受采访，我们只能尊重他的意见。

他的著名小说《围城》发表以后，不仅在国内引起轰动，在国外反响也很大。新闻和文学界有很多人想见见他，一睹他的风采，都遭到他的婉拒。有一位外国女士打电话，说她读了《围城》后很有感触，想见他。钱锺书再三婉拒，但她仍然执意要见。钱锺书幽默地对她说：“如果您吃了个鸡蛋觉得不错，何必一定要认识那只下蛋的母鸡呢？”

【原典】

鱼跃鸢飞，顺其自然。

【出处】

《诗经·大雅·旱麓》：鸢飞戾天，鱼跃于渊。

【译文】

唐代孔颖达疏曰：“其上则鸢鸟得飞至于天以游翔，其下则鱼皆跳跃于渊中而喜乐，是道被飞潜，万物得所，化之明察故也。”是说鹰在天空自由飞翔，鱼儿在水中尽情腾跃，世间万物各得其所。如果一个人心态平和，就会左右逢源、处处圆融。

【故事解读】

从前一位母亲有两个儿子，大儿子卖盐，二儿子卖伞。下雨了母亲担心盐受潮，天晴了又担心伞不好卖。无论晴天雨天，母亲都愁眉苦脸，没有开心的时候。后来一位老先生说：你为什么不换一种心态来看事情呢？雨天二儿子的伞好卖，晴天大儿子的盐好卖，这样天天不都是好心情吗？

【原典】

能容小人，方成君子。

【出处】

《论语·颜渊》：季康于问政于孔子，曰："如杀无道，以就有道，何如？"孔子对曰："于为政，焉用杀？子欲善而民善矣。君子之德风，小人之德草。草上之风，必偃。"

【译文】

意思是说品行高洁、纯粹的君子能包容品性有缺陷的人。当政君子的品格好比是风，百姓的品德好比是草，风吹到草上，草必然向着风吹的方向倒。

【故事解读】

明正德十四年六月，宁王朱宸濠在江西起兵造反，七月份王阳明就擒住了宁王。八月明武宗下诏亲征，实欲南游。当时群奸居心叵测，阳明十分担忧。此时，正好有二位公公到了浙江，阳明在镇海楼设宴款待他们。宴席过半，阳明令人撤去楼梯，将两箧书信拿给他们看，都是他们勾结宁王朱宸濠反叛的证据。王阳明将这些书信全部交给他们，示意不再追究，从此二位公公对他感恩不已。

【原典】

抱朴守拙，行稳致远。

【出处】

明代洪应明《菜根谭》。“抱朴”一词，语自《老子》：见素抱朴，少私寡欲，绝学无忧。

【译文】

人应像璞玉一样，保持朴实的本性，回归原始本真。若想要走得远，首先要走得稳。

【故事解读】

《红楼梦》第二十二回，贾元春从宫里送出一个灯谜，除了迎春和贾环，大家都猜出了贾妃的灯谜，可宝钗却故作思量状，表示灯谜“难猜”。在她看来，一下子猜着显得娘娘出的谜语没水平。于是她经过一番“思量”，暗暗将谜底写在纸上让娘娘自验，这样既给足娘娘面子，又让娘娘感知到自己的聪颖。第四十四回中，贾母和众人喝酒，行令时，黛玉不小心说出《牡丹亭》和《西厢记》中的两句诗。作为封建时代的大家闺秀，在这种场合中说出“不正经的闲书”中的诗句，是一种相当不得体的行为。宝钗当时就听了出来，但是她并没有声张，而是事后悄悄地提醒黛玉。黛玉听了，“心下暗伏”。足以可见，宝钗守拙内敛的智慧。

这则故事告诉我们，知世故而不世故，在善良中成熟；历经苍凉不失纯真，方拥有最智慧的练达。

【原典】

物盛而衰，乐极则悲。

【出处】

汉代刘安《淮南子·道应训》：夫物盛而衰，乐极则悲，日中而移，月盈而亏。

【译文】

说的是事物的发展达到顶点之后，如果没有忧患意识，必然会走向另一个极端。如果事物发展到顶点之后，自以为足，于是“乐”到了“极”点，那么，事物在此时也就失去了发展的动力。

【故事解读】

闯王李自成进京，崇祯自缢，李自成觉得得天下如此容易，便放纵手下，骄奢淫逸，结果只“乐”了42天，形势就来了一个大逆转。大顺军先是退出北京，最后退到了九宫山，一代豪杰终于落得个乐极生悲、兵败身亡的下场。

【原典】

心如欲壑，后土难填。

【出处】

战国时期《国语·晋语八》：叔鱼生其母视之，曰："是虎目而豕喙，鸢肩而牛腹，溪壑可盈，是不可餍也，必以贿死。"

【译文】

欲望就像深谷，深不可测，多少东西都填不满，很难满足。任何时候，都要控制自己不合理的欲望，保持恬淡平和的心境。

【故事解读】

春秋末期，晋国有赵襄子、魏桓子、韩康子、范氏、智伯、中行氏六个上卿。其中，智伯野心勃勃，千方百计地想扩张自己的势力范围。他先联合韩、赵、魏三家攻打中行氏，强占了中行氏的土地。过了几年，他又强迫韩康子割让了一块有一万户人家的封地。接着，他又威逼魏桓子。魏桓子迫不得已，也只好割地求和。获得这三位上卿的土地后，智伯得意忘形，以为天下所有人都害怕自己，便又要求赵襄子割让蔡和皋狼这两个地方。赵襄子坚决不肯答应。智伯恼羞成怒，双方在晋阳对峙了三年。赵襄子采纳谋士张孟谈的计策，说服韩康子和魏桓子与自己联合起来，乘夜出兵偷袭智伯，将他杀死。智伯因为十分贪心，永远得不到满足，终于落了个亡命的下场。

【原典】

慎养其德，节养其体。

【出处】

《近思录·存养》：“慎言语”以养其德，“节饮食”以养其体。

【译文】

君子讷于言而敏于行。人们应该说话谨慎，慎言的本质是修养德行；应该节制饮食，保持身体健康，因为暴饮暴食必然伤及身体。

【故事解读】

曹操害怕有人暗害自己，常吩咐侍卫们说：“我梦中好杀人，凡是我睡着的时候，你们切勿靠近我！”有一天晚上，曹操在帐中睡觉，被子落到了地上，近侍慌忙取被为他覆盖。曹操立即跳起来拔剑把他杀了，然后继续上床睡觉。半夜起来的时候，假装吃惊地问：“是谁杀了我的侍卫？”大家以实相告。曹操痛哭，命人厚葬。人们都以为曹操果真是在梦中杀人，唯有谋士杨修知道他的真实意图。下葬时杨修抚棺叹惜说：“不是丞相在梦中，是你在梦中呀！”曹操听后十分厌恶杨修。终于在“鸡肋事件”中以扰乱军心为由，杀了杨修。杨修之死，实属“祸从口出”。

《黄帝内经》云：饮食自倍，肠胃乃伤。医学之父希波克拉底也说过：“寿命是从嘴里省出来的。”吃东西必须节制。饮食不过饱，身体就会在饭后保持良好状态，不困倦。吃得过饱，细胞得到的营养基就会过度，从而导致细胞过早衰老。

【原典】

升米恩，斗米仇。

【出处】

由民间故事演化而来。

【释文】

指如果别人在危难的时候你给他很小的帮助，他会感激你。而过多地帮助，对方会把原本你的爱心资助当成理所当然的事情，一旦停止帮助，反而会让人忌恨。

【故事解读】

从前有两户人家，天灾导致田中颗粒无收时，富的一家给穷人家送去一升米救了急。穷的一家非常感激救命恩人。后来穷人前去感谢富人，谈起明年的种子还没有着落，富的一家慷慨地说："这样吧，我这里的粮食还有很多，你再拿去一斗吧。"穷人千恩万谢地拿着一斗米回家后说："一斗米能做什么？应该多送我们一些粮食！"这话传到了富人耳朵里，富人很生气。原本关系不错的两家人，从此成了仇人，老死不相往来。

赵玉祥

【原创】

人生价值取向要高，更要有心忧天下的胸襟。

【译文】

一个有远大抱负的人，立志高远，要有忧患与共的家国情怀。

【故事解读】

北宋良相范仲淹，两岁丧父，随母改嫁朱家，生活贫寒。但他自小胸怀大志，苦学不辍。9 岁时放学回家，见路边有一卜摊，遂请算命先生给予占卜，先生问："所占何事？"范曰："何时能当宰相？"先生以为童言无忌，遂回言："当不得。"范又问："那何时能当医生？"先生反问范："你未免跳跃差距太大了吧？"范说："非也，因良相与良医，都是治疗民间疾苦之人。"至此先生释然，预知此小孩长大一定能大有作为。

【原典】

路是脚踏出来的，历史是人写出来的。人的每一步行动都在书写自己的历史。

【出处】

中国抗日名将吉鸿昌名句。

【译文】

我们每个人都在走着自己的路，创造着自己的历史。我们昨天做着的事书写的是今天的历史，今天做着的事又在创造明天的历史。每一个脚印、每一个行动都在丈量人生的历史厚度、书写着人生的精彩历史。

【故事解读】

毛泽东的一生就是对这段话的最好诠释。旧中国，四分五裂，内乱不已，匪患不绝、民不聊生，是毛泽东同他的战友们领导中国共产党和中国人民，经过长期艰苦卓绝的斗争，经历多次挫折和失败，克服千难万险，在危急的时刻力挽狂澜，出奇制胜，最终取得了革命的胜利，成立了新中国。毛泽东是一位伟大的马克思主义革命家、战略家、理论家。他把自己的一生都奉献给了中国革命和建设事业，为中国人民和中华民族做出了巨大贡献。毛泽东的历史功绩正是在革命的荆棘路上不断地探索、实践，脚踏实地，一步一个脚印创造出来的，这也成就了他伟大而又光辉的一生。

【原典】

穷且益坚，不坠青云之志。

【出处】

唐代王勃《滕王阁序》。

【译文】

一个人在逆境时应坚忍不拔，不丢失自己的伟大理想和意志。

【故事解读】

古往今来有多少有志之士，面对一切艰难险阻，总能执着地追求自己的理想，即使在郁郁不得志的逆境中也不消沉放弃。2019 年上海交通大学的学生年度人物候选人胡明星就是这样一个不向困难低头的有志学生。

胡明星出生在农村，从小家境贫寒。但他从小养成了吃苦耐劳、坚忍不拔的精神，常常利用节假日去打零工挣生活费与学费，并立志科研报国，一步一步从乡村走到上海，经过不断努力，成为电子信息与电气工程学院 8 级博士生。可没想到的是，开学典礼前夕，他的父亲病了，急性脑出血，需要立即抢救。高昂的费用对他这样贫困的家庭来说无疑是雪上加霜，于是他经常边学习边想办法筹款，最后在学校及有关部门的帮助下解决了资金问题。自此他更加努力地学习，用优异的成绩感恩并回馈社会。因为困苦，才磨砺出他自强不息的品质；因为自强，他坚定地进行着科技创新；因为感恩，他牢记饮水思源校训，他从生活中攫取每一个机会，捡起一把把打开贫瘠枷锁的钥匙，踏上一阶阶走向成功的台阶。这正是当代学子“穷且益坚，不坠青云之志”的典范。

【原典】

人行犹可复，岁月那可追。

【出处】

宋代苏轼《别岁》。

【译文】

人走过的路或做过的事，可以重复着再来一次。而我们的岁月，我们的时间逝去了就再也追不回来了。

【故事解读】

也许人在年轻时很难对这句名言产生太多的感慨，只有到年老时才有更多的触动。人的一生会做很多的事，也会走很多路，并且可以来来回回、反反复复去做着同一件事、走着同一条路。只有我们过去了的时间、过去了的岁月想追都追不回来了。比如我们的童年，有着美好快乐的时光、有着无忧无虑的心情、有着父母的呵护、有着兄弟们的陪伴，虽贫穷却幸福着。可那样的童真年代一去不复返了，能抓住的唯有回忆。岁月不可追，这就需要我们在有限的生命里，尽可能地拓展生命的宽度，发挥正能量，多做有益于国家、有益于社会的事情。这样，哪怕逝去的岁月追不回来，我们也没有虚度光阴！

【原典】

不患无位，患何以立。

【出处】

《论语·里仁》。

【译文】

不愁没有职位，只愁没有足以胜任职务的本领。

【故事解读】

许多人总是感叹怀才不遇，很多时候，人总是高估自己，所以，孔子告诫我们，不要担心没职位、没地位，应该担心自己是否有担当这个职位的德行和能力。如果你有足够的修养和才能，自然会有人慧眼识珠重用你；如果没这个德行和能力，把你放到任何职位上，结果都是失败。

【原创】

践行方起，向死而生。

【出处】

自李开复名句。

【译文】

实际行动起来才能成事，要有孤注一掷的勇气才能求得一线生机。

【故事解读】

习近平在联合国成立75周年纪念峰会上发表重要讲话，提出了“与其坐而论道，不如起而行之”（语出《周礼·冬官考工记》的开篇部分）。尤其在全球抗击新冠病毒期间，习近平由衷地希望世界各国“论道”“知道”而“行道”，不要光说不作为。向死而生，更是中华哲学中的处世态度，让人们明白我们每个人的生命是可以延长的。这种延长是“内涵性”的，就是通过内在精神成长的方法，看淡各种功名利禄对我们精神上的诱惑，珍惜生命中的每分每秒，焕发出生命的积极进取意识和内在活力。

【原创】

言由念起，相随心生。

【出处】

改编自鬼谷子名句。

【译文】

言行由意念而起，面相的吉凶随着心念性情的善恶而产生或消失。

【故事解读】

语言的沟通，是情绪的转移、信息的传递，是感觉的互动。一个心胸狭隘的人，讲不出来大格局的话；一个没有使命感的人，讲不出来有使命感的话。互联网时代，知识很容易就能学来，很多根本不用储备，通过检索就行了，但人的能力是练出来的，人的胸怀、人的境界、人的德行是修出来的。

胡希

【原典】

别让自己习惯贫穷。

【出处】

符文军、卢佳莹《小故事大道理》，宁夏人民出版社。

【延伸】

什么事情你已经习惯了，你又不肯改变，别人能帮助你、拯救你吗？想要别人帮助你，就要有改变自己的勇气；想要自己拯救自己，就要养成良好的习惯。

【故事重读】

一个人一直不太得意，就特地跑去请教一个有名的算命师。

算命师左算右算，最后告诉他："你 40 岁以前一定是既落魄又贫穷，生活很不如意，对不对？"这个人听了大为惊讶，觉得算命师简直是神仙："大师，你可真厉害！我一直都不顺利，命运很坎坷，再过几天我就 40 岁了。那 40 岁以后呢？"他充满了期待，等着算命师的回答。"40 岁以后？40 岁以后你依然贫穷。"此人疑惑地问算命师，"为什么？""因为你已经习惯了。"算命师说道。

【原典】

捡起生命中的那枚马蹄铁。

【出处】

符文军、卢佳莹《小故事大道理》，宁夏人民出版社。

【延伸】

拾一块马蹄铁只要弯一次腰，而现在文中的儿子却不得不多次弯腰。一个你认为无足轻重的小东西，往往在关键时刻，便成了你化解厄运和窘迫的金钥匙。一件你不屑一做的小事，机缘一错过，你就不得不付出百倍的努力。

【故事重读】

父子俩一同穿越沙漠。在经历了漫长的跋涉之后，他们都疲惫不堪，干渴难忍，每迈出一步都异常艰难。这时父亲看到黄沙中有一枚马蹄铁在阳光的照耀下闪闪发光——那是沙漠先驱者的遗留品。

父亲对儿子说，捡起它吧，会有用的。儿子用一副不屑一顾的眼神，看了看一望无际的沙漠——有什么用呢？儿子摇摇头。父亲什么也没说，只是弯腰抬起了马蹄铁，继续前行。

终于他们到达了一座城堡，父亲用马蹄铁换了一些酸葡萄。当他们再次跋涉在沙漠中遭遇干渴时，父亲拿出了酸葡萄，边走边吃，同时自己吃一颗还丢一颗在地上——儿子每吃一颗便要弯一次腰去捡。

【原典】

蜜蜂和苍蝇的选择不同。

【出处】

符文军、卢佳莹《小故事大道理》，宁夏人民出版社。

【延伸】

重复昨天的行为，只能得到昨天的结果，选择旧的行为，只能收获旧的果实。要想取得和原来不一样的结果，就要打破原来的行为模式，选择不一样的行为。

【故事重读】

六只蜜蜂和同样数目的苍蝇被装进一个玻璃瓶中，瓶子平放，瓶底朝着窗户。

蜜蜂不停地想在瓶底上找到出口，直到它们力竭倒毙或饿死；苍蝇则会在不到两分钟之内，穿过另一端的瓶颈逃逸一空。

蜜蜂以为，囚室的出口必然在光线最明亮的地方，它们不停地重复着这种合乎逻辑的行动。对蜜蜂来说，玻璃是一种超自然的神秘之物，它们在自然界中从没遇到过这种突然不可穿透的大气层；而它们的智商越高，这种奇怪的障碍就越显得无法接受和不可理解。事实上，正是由于蜜蜂对光亮的喜爱和智商高，它们在实验中才灭亡了。

【原典】

选择比努力更重要。

【出处】

符文军、卢佳莹《小故事大道理》，宁夏人民出版社。

【延伸】

在信息时代的今天，勤勉和努力是不可缺少的。然而，你必须还要知道的就是：方向比努力更重要。固执己见，一意孤行，越有才干犯的错误也就越严重。

【故事重读】

白兔、乌龟、青蛙、螃蟹、蚂蚁等一群小动物站在一起，准备出去玩。他们的目的地是前面那座美丽的花园。大嗓门青蛙，高喊一声："走!"大伙立即行动起来。青蛙边跳边喊："加油!"白兔笑嘻嘻地冲在前头，乌龟使劲地爬，蚂蚁拼命追赶……"哟，你们全疯了吧，往哪窜呀?"后面隐隐传来了叫声。大伙一惊，扭转身向后一瞧，只见螃蟹一边咋呼，一边横着往另一个方向爬。"螃蟹大哥，方向错啦!"青蛙大声喊道："快向我们靠拢!""去你的，"螃蟹瞪着眼骂道："你们都瞎了眼了，向我靠拢才对。"无论大伙怎样呼唤，螃蟹只当没听见，还是横着朝它的那个方向急急爬去。大伙叹了气，只好各赶各的路。螃蟹喷着白泡沫，独自嘟囔道："我两眼始终正面盯着那座花园，绝对没错。它们不听我的，疏远我，冷落我，准是出于嫉妒。呶，这不是明摆着的吗，它们的手脚哪个有我多?"可是，它的手脚越多，跑得越快，离目的地也就越远了。

【原典】

三件事你必须自己做。

【出处】

符文军、卢佳莹《小故事大道理》，宁夏人民出版社。

【延伸】

你是你自己的发动机，你让你自己变得非常有力量，和别人不一样。成功靠自己，自己的事必须自己做。从现在开始，立即行动，相信自己，成功由你自己决定。

【故事重读】

宋朝著名的禅师大慧门下有一个弟子道谦。道谦参禅多年，仍不能开悟。一天晚上，道谦诚恳地向师兄宗元诉说自己不能悟道的苦恼，并求宗元帮忙。

宗元说："我很高兴能够帮助你，不过有三件事我无能为力，你必须自己做！"

道谦忙问是哪三件事。

宗元说："当你肚子饿时，我不能帮你吃饭，你必须自己吃；当你想大小便时，你必须自己解决，我一点也帮不上忙；最后，除了你之外，谁也不能驮着你的身子在路上走。"

道谦听罢，心扉豁然开朗，快乐无比，他感到了自我的力量。

【原典】

坐着不动永远赚不到钱。

【出处】

符文军、卢佳莹《小故事大道理》，宁夏人民出版社。

【延伸】

坐着不动是永远也赚不到钱的。这位经理的话很有意思。成功不在于你知道多少，而在于你做了多少。想要成功就要在最短的时间里采取最大量的行动。

【故事重读】

在一次促销会上，美国一大公司的经理请与会者都站起来，看看自己的座椅下有什么东西。

结果每个人都在自己的椅子下发现了钱，最少的捡到一枚硬币，最多的拿到了10美元。

这位经理说：“这些钱都归你们了，但你们知道这是为什么吗？”

没有人能猜出为什么。最后经理说：“我只想告诉大家：坐着不动是永远也赚不到钱的。”

【原典】

风景不在对岸。

【出处】

符文军、卢佳莹《小故事大道理》，宁夏人民出版社。

【延伸】

任何一件事情做久了都会令人心生厌倦、感到没有出路。其实，问题也许并非出在事情本身上，而只是人的心理作用。在人生旅途中，永远都不要忘记随时调整心态，因为旅途的突破取决于人自身的突破。

【故事重读】

一条河隔开了两岸，此岸住着凡夫俗子，彼岸住着僧人。凡夫俗子看到僧人每天无忧无虑，只是诵经撞钟，十分羡慕他们；僧人看到凡夫俗子每天日出而作，日落而息，也十分向往那样的生活。日子久了，他们都各自在心中渴望着：到对岸去。

终于有一天，凡夫俗子和僧人达成了协议。于是，凡夫俗子过起了僧人的生活，僧人过上了凡夫俗子的日子。

没过多久，成了僧人的凡夫俗子就发现，原来僧人的日子并不好过，悠闲自在的日子只会让他们感到无所适从，便又怀念起以前当凡夫俗子的生活来。

成了凡夫俗子的僧人也体会到，他们根本无法忍受世间的种种烦恼、辛劳、困惑。于是也想起做和尚的种种好处。

又过了一段日子，他们各自心中又开始渴望着：到对岸去。

【原典】

别把你的窗户开错。

【出处】

符文军、卢佳莹《小故事大道理》，宁夏人民出版社。

【延伸】

成功路上，我们不是常常开错“窗”吗？不同的“窗口”，有不同的背景和不同的剧情，它会给我们带来不同的心态。成功路上，我们要时时考虑，有的“窗”可以打开，有的“窗”不值得打开。

【故事重读】

美籍华人、著名心理学家李恕信在《潇洒的母亲》一书中讲了这样一个故事。

一个小女孩在窗台上，看窗外的人正在埋葬她心爱的小狗，不禁泪流满面，悲恸不已。她的祖父见状，连忙引她到另一个窗口，让她欣赏他的玫瑰花园。果然小女孩的愁云为之一扫，心境顿时明朗。老人托起外孙女的下巴说：“孩子，你开错了窗户。”

【原典】

有鲜花的地方就有希望。

【出处】

符文军、卢佳莹《小故事大道理》，宁夏人民出版社。

【延伸】

有鲜花的地方就有希望。一个人在遭遇困难时，只有斗志不落，保持开朗乐观的精神状态，才能尽快走出低谷。积极的态度是快乐的源泉，也是希望降临的曙光。想要拥有希望，应先拥有积极和快乐。

【故事重读】

第二次世界大战刚刚结束的时候，德国到处是一片废墟。有两个美国人访问了一家住在地下室的德国居民。离开那里之后，两人在路上谈起访问的感受。

甲问道：“你看他们能重建家园吗？”乙说：“一定能。”

甲又问：“为什么回答这么肯定呢？”

乙反问道：“你看到他们在黑暗的地下室的桌子上放着什么吗？”

甲说：“一瓶鲜花。”

乙于是说：“任何一个民族，处于这样困苦灾难的境地，还没有忘记鲜花，那他们一定能够在这片废墟上重建家园。”

【原典】

把自己的杯子放低一些。

【出处】

符文军、卢佳莹《小故事大道理》，宁夏人民出版社。

【延伸】

海纳百川，有容乃大。江海之所以能为百谷王，是因为身处低下。要想拥有百川的事业和辉煌，首先应拥有容得下百川的心胸和气量。

【故事重读】

一个满怀失望的年轻人千里迢迢来到法门寺，对住持释圆说：“我一心一意要学丹青，但至今没有找到一个令我满意的老师。”

释圆说：“画一个茶杯和一个茶壶。”年轻人听了，说：“这还不容易？”于是调了一砚浓墨，铺开宣纸，寥寥数笔，就画出一个倾斜的水壶和一个造型典雅的茶杯。那水壶的壶嘴正徐徐吐出一脉茶水来，注入那茶杯中。年轻人问释圆：“这幅画您满意吗？”释圆微微一笑，摇了摇头，说：“你画得确实不错，只是把茶壶和茶杯放错位置了。应该是茶杯在上，茶壶在下呀。”年轻人听了，笑道：“大师为何如此糊涂，哪有茶壶往茶杯里注水，而茶杯在上、茶壶在下的？”释圆听了，又微微一笑说：“原来你懂得这个道理啊！你渴望自己的杯子里能注入那些丹青高手的香茗，但你总把自己的杯子放得比那些茶壶还要高，香茗怎么能注入你的杯子里呢？涧谷把自己放低，才能吸纳别人的智慧和经验。”

【原典】

谦让是一种至美境界。

【出处】

符文军、卢佳莹《小故事大道理》，宁夏人民出版社。

【延伸】

留一步，径路窄处与人行；减三分，滋味浓郁让人尝。

【故事重读】

留一步，径路窄处与人行；减三分，滋味浓郁让人尝。这是处世的一种安乐法。处世要懂得衡量进退，宽容待人是福也是德，退一步往往就是海阔天空。

谦让是一种美德。这其实也是一种圆滑的、以退为进的处世技巧。退让为什么很重要？原因在于“人情反复，世路崎岖。行去不远，须知退一步之法；行得去远，务加让三分之功”。俗语有云“人情翻覆似波澜”，今天的朋友，也许将变成明日的仇敌，而明天的朋友也可能自今天的对手。世事艰难变幻无穷。因此不妨在狭窄的地方退一步，让对方先行；而与人三分便利，即使在宽阔大道上也是有必要的。

如此的做法不仅能为自己留条后路，还能同时为他人着想。虽然从表面上看凡事让步是吃亏，事实上吃一时之亏，会得长久回报。

所谓“争先的径路窄，退后一步，自宽平一步；浓艳的滋味短，清淡一分，自悠长一分”。如果大家争先恐后地挤一条小路，那么谁也过不去；如果让别人先走一步，那么自己也会有较宽阔的道路可以容易地通过。两者比较之下，后者的明智显而易见。宽容待人是福也是德，进步在退步的基础上发生，懂得这一点才更高明。

【原典】

真诚做人，真诚做事。

【出处】

符文军、卢佳莹《小故事大道理》，宁夏人民出版社。

【延伸】

诚实守信是创业的制胜法宝，辞藻华丽的广告都是陪衬而已。只有在诚实信用的基础之上创建事业，你才会取得成功。

【故事重读】

中华民族的传统美德中少不了真诚俭朴。诚实是做人之本，每一件事都需要我们真心对待。

香港金利来公司曾联合一家报社举办一次活动，奖品是金利来的领带。活动结束后，负责礼品发放的一位姓罗的女记者将多余的三条领带交还给金利来公司。这件小事却让金利来公司的总裁曾宪梓感慨不已。几年后，金利来公司全方位进军内地市场，想组建一个分公司。在进行经理招聘时，他最先想到的就是那名姓罗的女记者。

一个美国著名的政治家在给他儿子的信件中说道：“真理、正直、公平和高贵是永远分不开的”，“谎言来自卑劣、虚伪、懦弱和道德的缺失，谎言最终会被揭穿，说谎者令人鄙视；没有正直、公平和高尚，就没有人能够获得真正信任，也无法赢得他人的尊敬。说谎的人迟早都会被揭发，甚至比他自己认为的还要快，公正的评价基于你真实的人品”。

【原典】

德立，则人立、事立。

【出处】

符文军、卢佳莹《小故事大道理》，宁夏人民出版社。

【延伸】

人的德行威望往往比做大事、立大业、成大功的能力贵重。

【故事重读】

古代圣人所尊崇的三不朽就是立德、立功、立言。这三条之中，立功要看风云之机，立言要考虑适当环境，只有立德没有局限性，无论何时何地，人人都能够修养德行，无论大小，人人都应修养德行。一个人，只有在人的本质上下功夫才不会失去自己的为人之道。

一般而言，普通人的思维范畴不过是想做大事、成大业、成大名，并以小事、小业、小名为羞耻。潜意识里人们会觉得小不如大，其实根据哲学与真理的意义来分析，世俗人的看法同圣人的说法差别不大。尧、舜因自己的尊位成为圣人，孔子因言论成为圣人，伯夷、叔齐与柳下惠，没有尧舜的尊位，也没有孔子那样的言论，同样成了圣人。其实无名圣人在历史上、生活中很常见，只不过没有吸引人们的关注，没有被历史学家记传下来罢了。其实，圣贤由他本身的人生意义、人生理想和为人之道体现出来，知名与否并不重要。

【原典】

人生无须圆满。

【出处】

符文军、卢佳莹《小故事大道理》，宁夏人民出版社。

【延伸】

只有懂得“失之东隅，收之桑榆”的道理，才能让自己穿越丛林，迎来一个新世界。

【故事重读】

从前，有一个国王，他有七个美丽的女儿，她们都拥有一头乌黑亮丽的长发，国王送给她们每人一个漂亮的发夹。

一天早上，当大公主起床后准备梳头时，突然发现自己的发夹不见了，于是她偷偷地到了二公主的房里，偷走了精美的发夹。二公主发现不见了发夹，便到三公主房里偷走发夹……六公主只好偷走七公主的发夹。于是，七公主手中没有发夹了。几天之后，邻国一个英俊的王子来到皇宫，他对国王说：“昨天我养的百灵鸟叼回了一个精美的发夹，我想这一定是属于公主们的，这真是一种奇妙的缘分，不知道是哪位公主掉了发夹?”公主们听到了这件事，都在心里暗自说：“是我掉的，是我掉的。”

但是，她们每个人的头上明明别着个发夹，所以都很懊恼。只有七公主走出来说：“我掉了一个发夹。”故事的结局是王子与公主一起过着幸福快乐的日子。

我们在生活中，常常都在取与舍中选择，在得与失中徘徊。只有懂得“失之东隅，收之桑榆”的道理，才能让自己穿越丛林后迎来一个新世界。

【原典】

妥协不等于软弱。

【出处】

符文军、卢佳莹《小故事大道理》，宁夏人民出版社。

【延伸】

妥协不代表认输，妥协在很多时候是一种生存的大智慧，一种弱中有强的大勇敢。

【故事重读】

一只雄狮住在森林里，跟一只猕猴成了朋友。猕猴非常信任狮子，就把自己的小孩寄养在狮子那里。一天，一只饥饿的秃鹫寻找食物，趁狮子睡着了，就把小猕猴抓走，并飞到树上。狮子醒来后，发现小猕猴不见了，一抬头，却见秃鹫抓着小猕猴在树上，于是便对秃鹫说："小猕猴是我受猕猴的委托护养的，没想到被你抓走了，使我辜负了朋友的信任，我想向你讨还小猕猴。"秃鹫说："不可能，我现在又饿又累，只想吃肉，除非你拿自己的肉来交换!"

狮子知道秃鹫不会妥协，为了不辜负朋友的信任，狮子毅然割下自己两肋上的肉，向秃鹫交换了小猕猴。

有人说："狮子为什么这么懦弱啊，应以牙还牙，毁灭秃鹫的窝，给它来个覆巢无完卵。"还有人说："狮子不是兽中之王吗？它应该唤来百兽，向秃鹫宣战。"也有人觉得狮子考虑不周全，应该想办法让秃鹫主动放弃小猕猴……

其实，有时候，威势、权力和谋略确实可以帮助我们达到一些目的，但是它们却不是万能的。也许，当狮子搬来救兵时，秃鹫早把小猕猴吃了。因此，关键时候妥协，也不失为大智慧、大勇敢。

【原典】

放下你自己。

【出处】

符文军、卢佳莹《小故事大道理》，宁夏人民出版社。

【延伸】

其实，你的态度、想法、观念、心情就是你自己的世界地图。你只要肯换个想法，调整一下态度，就能让自己有新的心境。只要我们肯稍做改变，就能抛开坏心情，拥有新的处境。

【故事重读】

一位旅行者在经过险峻的悬崖时，一不小心掉落下去。情急之下他攀抓住崖壁上的树枝，上下不得中开始祈求佛陀慈悲营救。

这时佛陀出现了，伸出手过来接他说："好！现在你把攀住树枝的手放下。"

旅行者却不松手，他说："把手一放，势必掉进万丈深渊，粉身碎骨。"

旅行者这时反而更抓紧树枝，不肯放下。佛陀说："既然你如此执迷不悟，谁也救不了你。"

【原典】

天生我材必有用。

【出处】

唐代李白《乐府·将进酒》。

【延伸】

天生我才必有用，一个好的心态＋一本成功的教材＋一个无限的舞台＝成功。每人的潜能是无限的，关键是要找到一个能充分发挥你潜能的舞台。

【故事解读】

动物园里的小骆驼问妈妈：“妈妈妈妈，为什么我们的睫毛那么的长？”

骆驼妈妈说：“当风沙来的时候，长长的睫毛可以让我们在风暴中都能看得到方向。”

小骆驼又问：“妈妈妈妈，为什么我们的背那么驼，丑死了！”

骆驼妈妈说：“这个叫驼峰，可以帮我们储存大量的水和养分，让我们能在沙漠里耐受十几天无水无食的条件。”

小骆驼又问：“妈妈妈妈，为什么我们的脚掌那么厚？”

骆驼妈妈说：“那可以让我们重重的身子不至于陷在软软的沙子里，便于长途跋涉啊。”

小骆驼高兴坏了：“哇，原来我们这么有用啊！可是妈妈，为什么我们还在动物园里，不去沙漠远足呢？”

柯亚南

【原典】

持之以恒，进之以猛。

【出处】

清代曾国藩《家训喻纪泽》。

【译文】

只要有恒心，长期坚持下去，进步自然会很迅速。

【故事解读】

东晋王献之小时候，在街头看到一个卖烙饼的老婆婆在烙饼。婆婆每烙好一张饼，就用竹筷挑起顺手一撩，甩进背后的竹筐里，而且每张饼都叠得很整齐。王献之很惊奇，便问："婆婆，你头也没回，怎么甩得这么准呢？"婆婆说："这和大书法家王羲之练字一样，持之以恒、熟能生巧罢了。"王献之大受启发，茅塞顿开。从此，下苦功坚持冬练三九、夏练三伏。一天，王羲之悄悄来到儿子身后，突然去拔他手中的笔，竟拔之不动，王羲之大喜："我儿如此持之以恒，可成大器也！"王献之写完了院中的十八缸墨水，最终成了与父亲齐名的一代书法大家。

一个人要想致学有成，只要持之以恒，就能进之以猛，成功是早晚的事。

【原典】

一分耕耘，一分收获。

【出处】

明代洪应明《菜根谭》。

【译文】

天才出自勤奋，有一分耕耘就有一分收获。

【故事解读】

宋代古文运动的领军人物欧阳修，就是靠平日勤奋学习，日积月累而成才的。幼年时，欧阳修家境贫困，连学习的必需品笔、墨、纸、砚都买不起。因他家住在江滨，门前的江滩湿地里长有很多芦苇。欧阳修从小就喜欢在江滨的沙滩上以沙滩为纸，以芦作笔，刻苦练字。他每学一篇文章就把这篇文章背熟，写熟，烂记于心，不落一篇，所学文章皆能默写如流。一分耕耘，一分收获。欧阳修 23 岁进士及第，登上了仕途。由于博学群书，欧阳修写下了很多著作，流传至今的《欧阳文忠公文集》约一百万字，其中一些名篇，如《醉翁亭记》等早已成为千古传诵之佳作。

天才出于勤奋，一分耕耘一分收获。有志于学者，一定要收拾精神，并归一路。

【原典】

广泛取法，学无常师。

【出处】

《论语·子张》。

【译文】

人们向书本学，向实践学，向社会学，不拘一格虚心好学是一种治学态度。

【故事解读】

孔子是儒家至圣先师。《史记·孔子世家》记载了孔子会弹琴，是向师襄子学习的缘故；《礼记·曾子问》记载了孔子向老聃学习礼；《左传·昭公十七年》记载：在听说郯子向昭子讲过，少雎氏为何以鸟名作为官名的道理之后，孔子就赶忙跑去向他求学。一代圣人先师孔子是一个“广泛取法、学无常师”的人。他曾说过：“三人同行，必有我师。”意思是说，在一起同行的三个人当中，必然会有一个人在某些学问上会强于我，这个人能够成为我的老师。

因此，活到老，学到老，还有三宗未学到。我们在学习上应该时时处处事事向书本学，向实践学，向别人虚心学。不讲身份、地位、资历，就是一个身份低微的人，也是可以成为“一字之师”的。

【原典】

博大从来烈火过，事功总要薄冰行。

【出处】

明代洪应明《菜根谭》。

【译文】

欲成伟大的人品，从来是要经过烈火锻炼的，做成一番惊天动地的事功，总要如履薄冰谨慎执着前行。

【故事解读】

一代伟人毛泽东，集军事家、政治家、哲学家、思想家、文学家于一身。1910 年，17 岁的毛泽东离乡背井去湘乡县东山高等学堂就读，临行写给父亲一首诗："孩儿立志出乡关，学未成名誓不还。埋骨何须桑梓地，人生无处不青山。"在漫长的革命道路上，他形成了伟大的思想和战略。

《论语》中说：一个受了教育有知识有头脑的人，不能没有宽厚的基础和强韧的毅力。因为无论是要自己有建树，还是要以天下为己任，都是一副重担子，要一直挑下去到死才放下，没有宽厚的基础和强韧的毅力是不行的。人要做到博大，必含心地宽宏，胸襟开阔，见识广博，学问深厚，这些品德是要在烈火中锻成的；而真正能成就一番伟大的事业，要有如履薄冰、百折不挠、不达目的不罢休的意志。

【原典】

登山耐侧路，踏雪耐危桥。

【出处】

明代洪应明《菜根谭》。

【译文】

人生如逆水行舟，须耐得住劲，要有承当挫折磨难的心理准备。登山耐侧路，踏雪耐危桥。一个“耐”字决定成功与否。

【故事解读】

孙膑，是战国时期齐国的军事家。与魏国将军庞涓曾是同窗，庞涓因忌妒孙膑之才，多次阴谋陷害孙膑，迫使孙膑毁掉了自己的兵法书稿。因受到庞涓迫害，被剜去两腿的膝盖骨变成残疾人。后来在齐国使者的帮助下，孙膑终于逃出魏国回到齐国，被齐威王任命为军师，辅佐齐国大将田忌两次击败庞涓，取得了桂陵之战和马陵之战的胜利，奠定了齐国的霸业。失去膝盖身残的孙膑以顽强的意志终于修成一部《孙膑兵法》，传之后世。

在如此艰险、坷坎的世道上，若不得一“耐”字撑持，岂能成事？有志之人一定要有品格和情操。苦其心志，劳其筋骨，耐得困苦，耐得空寂，耐得辛酸，耐得污辱。人生就好比逆水行舟耐住劲，咬牙坚持下去就会成功。

【原典】

律己宜严，待人宜宽。

【出处】

明代洪应明《菜根谭》。

【译文】

儒家的待人之道是严于律己，宽以待人，知过即改。

【故事解读】

王安石、苏轼都是宋代大文豪。苏轼中进士第，王安石是主考官，论交情王安石是苏轼的恩师。一次，苏轼去拜见王安石，王安石将写了半首的《咏菊》诗交代仆人让苏轼续作。苏轼见“西风昨夜过园林，吹落黄花满地金”两句。心想，人言相爷学富五车，看来徒有虚名耳。按常理黄花开深秋坚挺耐寒，不过枯萎，怎么可能“吹落满地金”呢？于是挥笔依韵续了两句：“秋花不比春花落，说与诗人仔细听。”写完不等见到王安石便扬长而去。后苏轼在黄州当团练副使。第二年深秋，刮了一夜大风，第二天他来到后园，往菊棚下一看，发现满地铺金，菊枝上一朵花也没了，苏东坡惊得目瞪口呆，想到恩师写的两句《咏菊》诗和自己的续作，半天都说不出话来。至此，苏东坡才明白恩师为什么要保他到黄州任职。后来他主动向恩师王安石认错，师生成就了一段忘年友谊。

与人交往应放下心高气傲，尊重别人，谦和为贵，严于律己，宽以待人，知错即改。凡事站在对方立场想想，善于发现他人的优点，虚心学习，才能让自己变得更好。

【原典】

勤以修身，俭以养德。

【出处】

三国时期诸葛亮《诫子书》。

【译文】

君子的行为操守，以勤奋加以修身，以节俭来培养自己的品德。非恬静寡欲，则无以明志。

【故事解读】

西周贤臣周公，辅佐年幼的周成王时，担心周成王年幼放荡纵欲，不思进取，便写了《毋逸》，勉励周成王牢记父亲的艰辛创业，俭以养德，勤于政事。因成王是君主，周公不便指责，于是便让自己的儿子伯禽做周成王的陪读。凡是周成王做得不对，周公就责罚儿子，使得成王受到潜移默化的影响。在周公的教导下，周成王明白了许多君王治国之道。成王在位 22 年，其子康王在位 25 年，周朝社会安居乐业，成为西周盛世。

历史上的贤臣明君，都是以民为国之本，正己修身，勤政爱民，节俭朴素而成就政绩、留名历史的。一个人如果不“勤以修身，俭以养德”，放纵懒散，享受奢逸，就无法振奋精神，最终一事无成。

【原典】

宠辱不惊，看庭前花开花落；去留无意，随天外云卷云舒。

【出处】

明代洪应明《菜根谭》。

【译文】

为人处世须保持平和心态，视宠辱如花开花落般平常，视去留如云卷云舒般变幻，才能淡泊自然。

【故事解读】

唐末尚书杨玢在任时，老家来人说他老屋的地产有的被邻居侵占了。家人表示要打官司并把拟好的状子给他看。杨玢看了批曰：“四邻侵我我从伊，毕竟须思未有时。试上含元殿基望，秋风秋草正离离。”诗的大意是让他侵占好了，如果你想不通，不妨到唐代含元殿的殿基上望一望，当年繁华富丽的宝殿，而今一派秋风萧瑟，荒草离离。其诗意涵深邃，心态旷达。家人看后便不去告状了。

人生只有保持一种平和心态，豁达恬然自得，达观进取，笑面人生。生亦欣然、死亦无憾。花落还开，云卷云舒。我兮何有，谁欤安息。这体现了一种宠辱不惊、去留无意的达观、欣然的精神境界。

【原典】

近朱者赤，近墨者黑。

【出处】

西晋傅玄《太子少傅箴》。

【译文】

靠着朱砂的变红，靠着墨的变黑。长时间接近好人，可以使人变好，长时间接近坏人，可以使人变坏。

【故事解读】

孟母，即孟子的母亲。战国时期邹国人。孟母很重视儿子的培养教育，希望小孟轲能好好读书上进。一开始，孟家母子住在邹县城北的马鞍山下，离一处墓地不远，孟轲小时候经常看到一些送葬的情景，久而久之习惯效仿大人们在沙地上埋棺筑墓。孟母觉得这些风俗习惯对小孟轲影响不好，于是决定搬家。可搬的地方又是一个集镇，集市上都是些挑担卖货做生意的人，吆喝叫卖的市井情形，又被小孟轲学得惟妙惟肖。无奈之下，孟母只有再次搬家。这次搬到了一所学堂附近，学堂的孩子们在游戏中摆弄俎豆祭器，学习揖让进退等礼仪，小孟轲很快又模仿学会了。习惯成自然。孟母这才放下心来，说：这里才是适合孩子学习居住的好地方。

故有："近朱者赤，近墨者黑；声和则响清，形正则影直。"

《孟母三迁》的故事在中国流传得非常广泛而深远。这个故事告诉我们：教弟子最要严谨交往对象。接近好的人，才能学习到好的习惯；若接近不好的人，便难免学坏。

姜江

【原典】

有真才者，必不矜才；有实学者，必不夸学。

【出处】

清代金缨《格言联璧·持躬类》。

【译文】

真正有才能的人不依恃才能，真正有学问的人不夸耀文采。

【故事解读】

一个真正有才能的人，不会觉得自己知识很渊博，因为他明白学海无涯，要想成为真正才华横溢的人，就要活到老学到老，与时俱进。真正有学问的人，往往是虚心谦恭的人，喜欢夸夸自谈，没有耐心的人，是求不到真才实学的。只有谦虚的人，才能得到高人的真诚指导，刻苦钻研，从而获得真知灼见，逐渐修炼成真正有学问的人。生活中要以谦虚的态度求学处世。谦虚是一种美德，有真才实学的人往往虚怀若谷，谦虚谨慎；不学无术、一知半解的人，却常常骄傲自大，自以为是，好为人师。

【原典】

盖世功劳，当不得一个矜字；弥天罪恶，当不得一个悔字。

【出处】

清代金缨《格言联璧·持躬类》。

【译文】

即使有盖世的功劳，也不能居功自大，骄傲自满；即使犯了滔天大罪，只要及时悔改也是可贵的。

【故事解读】

真正功高盖世的人往往懂得矜持，懂得自尊自爱。强者之所以谦虚，是因为他博大。他能让对手心悦诚服，得到更多人的喜欢、尊敬和拥护。在现实生活中，当我们取得出色的成绩时，应勉励自己再接再厉，不可浅尝辄止，更不能骄傲自满，骄傲就会使自己心浮气躁，不求进取，甚至还会使勤奋刻苦所取得的成就付之东流。

【原典】

诿罪掠功，此小人事。掩罪夸功，此众人事。让美归功，此君子事。分怨共过，此盛德事。

【出处】

清代金缨《格言联璧·持躬类》。

【译文】

争功诿过是小人的卑劣行径。掩藏过失、夸耀功劳是凡人的本色。把好事和功劳谦让给他人，这是君子的高尚品德。为他人排忧解难，分担过错，这就是成就美德善行的事情。

【故事解读】

小人往往重视自己、轻视别人，争功诿罪是小人的卑劣行为，是令人深恶痛绝的。生活中有不少小人，他们看到好处便趋之若鹜，碰到责任就推得一干二净，生怕与自己有联系。有了过错极力掩盖，有了功劳就到处炫耀，这是庸人的表现。小人、庸人都不懂谦虚处世，不懂谦虚是缺乏修养的表现。谦让美誉与功劳表面看起来自己吃亏，其实我们获得了更多的赞誉与利益，提升了自身的品德修养；与他人共同分担烦恼与过错，这不但对自己没有多大的损失，而且还可以减轻他人的痛苦，这样的好事何乐而不为呢？

【原典】

大着肚皮容物，立定脚跟做人。实处着脚，稳处下手。

【出处】

清代金缨《格言联璧·持躬类》。

【译文】

宽宏大度地包容一切事物，脚踏实地地为人处事。脚踏实地，沉着做事。

【故事解读】

生活中，宽容是一种美德，因为有了宽容才使许多人有了浪子回头的决心。因为宽容才使那颗犯错的心有了安全的回旋余地。当你选择宽容时，对整个社会，乃至所有的众生，都是有大功德的。圣严法师曾说过："佛教徒相信，天下没有不能感化的坏人，如果能够给犯错的人一个改过自新的机会，这个人可能会是'浪子回头金不换'，变成社会大善人。"这就是宽容的功德。

人非圣贤，孰能无过。对于犯罪有过失的人，不能一味地指责，应当给他们一些宽恕，给他们改正错误的机会。对于犯过失的人，他们应得到应有的惩罚，但也应视情况而定，不能一味地惩罚，而是要给他们几次悔过自新的机会。对于那些有良知的人、决心悔过自新的人，我们要给予宽容，给予他们重新做人的机会。宽容还可以化干戈为玉帛，如果用宽容的心态对待仇视自己的人，就能够化解仇恨。这样的人才是高尚的人，才是一个伟大的人。

【原典】

物是全胜，事是全美，人是全盛。

【出处】

清代金缨《格言联璧·持躬类》。

【译文】

事物忌讳到达顶点，事情避免极其完美，人则忌讳飞黄腾达。

【故事解读】

物忌全胜，所谓树大招风。事忌全美，所谓乐极生悲。人忌全盛，所谓名高遭谤。如果不切实际地过分追求完美，就可能陷入两难的境地，不但达不到目的，自己还会付出许多徒劳的精力。金无足赤，人无完人，想象中的完美是不存在的，实际生活中的完美多是以达到我们的满意度为标准的，所以做事的最好标准是得到社会公众的认可和支持，切不可为了哗众取宠或攀比付出不必要的牺牲。做人也是如此，如果过分享受安逸的生活，就会消磨奋斗的意志，长此以往就会失去前进的动力；过分地指责批评他人，就会失去良好的人际关系；过分地追逐功名利禄，就会忽略法律准绳的约束，甚至不择手段，把自己推向犯罪的深渊。总之，为人处世要明白一个道理：物极必反，过犹不及，要学会把握分寸。

【原典】

留有余不尽之巧，以还造化[①]。留有余不尽之禄，以还国家。留有余不尽之财，以还百姓。留有余不尽之福，以贻子孙。

【出处】

清代金缨《格言联璧·持躬类》。

【译文】

把一些多余的技巧归还给大自然，把一些用不完的俸禄奉献给国家；把一些用不完的财富馈赠给百姓，把一些用不尽的福泽遗留给子孙。

【故事解读】

乐善好施，自己用不了的东西送给需要的人，殊不知付出永远比索取快乐。自己可以因此获取快乐，别人可以获取生活必需品。只想占便宜的人，不会得到别人的真心帮助。朋友之间总是担心自己吃亏，友谊是不会长久的。如果不愿让对方分享你的成果，就不能要求对方分担痛苦，那就相当于没有朋友。坐享其成会让自己变得一无所有。我们要通过自己的奋斗去创造生活，与人分享自己的快乐。为人处世要敢于吃亏，交朋友敢于吃亏，总会交到真朋友的，与人合作敢于吃亏，多干活，时间长了，就会积累好人缘，人人愿意与你合作，这样的人生才是有价值的。肯吃亏表面看来是一种损失，其实那是一种投资，时间可以证明一切。

---

① 造化：创造化育，即自然。

【原典】

能改过，则天地不怒；能安分，则鬼神无权。

【出处】

清代金缨《格言联璧·持躬类》。

【译文】

能改过自新，天地都不会动怒；能安分守己，鬼神也无可奈何。

【故事解读】

有了错误必须有所觉悟，然后改之，才能走上光明之路。若是有错而不思悔改，或者口是心非，那只能在错误的道路上越走越远。所以，人只有了解自己的缺点，正视不足，才能让自己不断地发现自我，挑战自我，完善自我。利用这样的方式去做人，就会快速完善自己，成为很多人喜欢乃至爱戴的人。

生活中不要害怕犯错误，如果害怕犯错误，就会缩手缩脚，裹足不前。俗话说，浪子回头金不换。人不怕犯错误，怕的是知错不改，可贵的是知错能改。知错能改的人有两方面的进步，一是认识到了自己的错误，明白了错在什么地方，这是一种醒悟；二是改正，是心灵觉悟后的具体行动，只有改正才能看出一个人更上一层楼的地方，才是惊喜所在。

【原典】

言行拟之古人，则德进。功名付之天命，则心用。报应念及子孙，则事平。受享虑及疾病，则用俭。

【出处】

清代金缨《格言联璧·持躬类》。

【译文】

一言一行都效法古代圣贤，就会道德长进；功名利禄，听任天命安排就会心意闲适；因果报应，考虑子孙福祸，就会办事公正；口体之享，考虑疾病袭来，就会生活勤俭。

【故事解读】

圣贤前辈的学识德行，是我们学习的榜样，效法古代圣贤的言行就会增进道德。圣贤前辈的言行是我们为人处世的行为准则，虚心向其学习，必能增进我们的学识德业。关于功名利禄，如能顺其自然不极力攀缘，便能获得一份温馨恬静。要重视因果报应，当自己所做的事危害到他人或社会时，就要学会换位思考，想到同样的事情可能有一天会降临到自己的子孙身上，从而教育世人要多做善事，多积善德，荫庇子孙。过度享受安逸的生活会使我们乐不思蜀，忘却了幸福生活源于辛苦，甚至自身还滋生了许多弊病，如散漫懈怠、空虚乏味、懒惰等，这些都提醒我们要迷途知返，养成勤俭节约的良好习惯。

【原典】

安莫安于知足，危莫危于多言。贵莫贵于无求，贱莫贱于多欲。乐莫乐于好善，苦莫苦于多贪。长莫长于博识，短莫短于自恃。明莫名于体物，暗莫暗于昧己。

【出处】

清代金缨《格言联璧·持躬类》。

【译文】

最大的安逸莫过于知足常乐，最大的危险莫过于言语过多。最可贵的莫过于无欲无求，最卑贱的莫过于欲望过多。最快乐的事情莫过于乐善好施，最苦恼的事情莫过于贪得无厌。最大的长处莫过于博学多识，最大的缺点莫过于骄傲自大。最明晰的事莫过于能体察物情，最大的昏暗莫过于违背自己的良心。

【故事解读】

知足常乐，说起来容易做起来难，不经历一番刻苦的磨炼是做不到的，没有恒心是实现不了的。心中没有杂念，没有过多的要求，安然享受生活的快乐趣味，便是最安然的事情。多做行善积德，广结善缘的事，心底便会坦然宁静，生活也会因此快乐无比。过分追逐名利，贪婪没有止境，往往会导致自己的身心疲惫不堪，哪里会有什么快乐可言？做事光明正大，评论事情公正无私，便能体察万事万物之理，如果违背自己的良心，做些徇私舞弊、独断专行之事，必会造成许多冤假错案，导致自己寝食难安，甚至落个奸佞小人的恶名。

【原典】

能知足者，天不能贫。能忍辱者，天不能祸。能无求者，天不能贱。能外形骸者，天不能病。能不贪生者，天不能死。能随遇而安者，天不能困。能造就人才者，天不能孤。能以身任天下后世者，天不能绝。

【出处】

清代金缨《格言联璧·持躬类》。

【译文】

懂得知足的人，上天不会使他陷入贫困。能忍辱负重的人，上天不会让他遭受祸害。能够无欲无求的人，上天不会让他沦于贫贱。不重视外在华丽和表现的人，上天不会让他遭受疾病折磨。不贪生怕死的人，上天不会让他去世。能够随遇而安的人，上天不会让他生活拮据困顿。能够成为栋梁之材的人，上天不会让他孤独无靠。能够担负天下重任的人，上天不会让他失去子孙后代。

【故事解读】

人通常无法满足，总想要自己没有得到的，这就是贪欲在作怪，贪欲是人性的阴暗面，应该努力去克服它。

人赤条条来到这世俗的尘世中，原本洁净的心被这尘世中的欲望和杂念所污染，世俗中欲望和杂念的尘埃包裹着我们的身体，越积越多，变成了沉重的脱不去的污垢，我们的心灵也因此而沉重。给你的心灵洗个澡吧！洗去上面的尘埃和污垢，这样我们的心灵才会敞亮轻松。我们常常为诸多俗事所累、所困，容易被欲望和杂念牵着鼻子走，这样就会与快乐南辕北辙。

【原典】

吉凶祸福，是天主张。毁誉予夺，是人主张。立身行己，是我主张。

【出处】

清代金缨《格言联璧·持躬类》。

【译文】

人的吉凶祸福，是由上天主宰的。人的毁誉和予夺，是由别人决定的。立身的言行和道德，是由我决定的。

【故事解读】

在人生历程中，我们希望自己变成一个什么样的人呢？只做一个普通的农民、工人，还是做一个成功的企业家、领导者呢？有人说，运气、靠山、出身是成就美好人生的关键，不然，也只能做普普通通的人。其实并不是这样，一个人追求什么样的人生，往往取决于他自己，因为命运都由我们自己主宰，实现自己的人生价值，没有人可以取代我们，人生要靠自己去奋斗。

【原典】

要得富贵福泽，天主张，由不得我；要做贤人君子，我主张，由不得天。

【出处】

清代金缨《格言联璧·持躬类》。

【译文】

要想得享富贵和福泽，这要看天意，由不得自己；要想成为贤能君子，主要靠自己，由不得天意。

【故事解读】

只要符合客观事物发展规律，我们依然可以发挥人的主观能动性。“生死由命，富贵在天”是封建社会人们的看法，是某些人为了维护自己的利益而宣扬的一种天命思想。这种思想有局限性，有迷信色彩。荣华富贵可以通过自己的双手去创造，命运掌握在自己的手里。诸子百家中的荀子就曾提出过“人定胜天”的观点，值得我们学习。对于自身的道德培养主要还是靠我们的刻苦修为，能勤学好问，具有高尚的情操和博学多识的才能，就可与圣贤君子试比高。

【原典】

聪明睿智，守之以愚。功被天下，守之以让。勇力振世，守之以怯。富有四海，守之以谦。

【出处】

清代金缨《格言联璧·持躬类》。

【译文】

聪慧通达的人，保持着敦厚拙朴的态度，不可锋芒外露；功高盖世的人，要保持谦逊礼貌的态度，不可居功自傲；勇猛无敌的人，要保持谦虚的态度，不可无所忌惮；拥有巨财的人，要保持谦虚的态度，不可张扬放肆。

【故事解读】

古人云："得江山容易，守江山难。"一个人要把自己的事业继续下去，光凭勇气是不够的，还需要智谋和度量。有些国君可以稳坐江山，有些国君却坐得岌岌可危，江山摇摇欲坠，究竟为什么呢？皇帝虽然贵为九五之尊，掌握着臣民的生死之权，但是要懂得恰当运用权力。滥用权力，表面上伤的是臣民，实际上害的是皇帝本人，因为这样做是自己挖自己的墙脚。对于人的性情来说，也是这样的道理。聪明而通情达理的人不在少数，但能够始终保持明智却是很难的。有的人年轻的时候浴血奋战，取得了无数的功名，但是自恃功高，目中无人，结果很可能因自己的轻狂落个身败名裂的下场。

【原典】

不与居积人争富，不与进取人争贵，不与矜饰人争名，不与少年人争英俊，不与盛气人争是非。

【出处】

清代金缨《格言联璧·持躬类》。

【译文】

不和圈积钱财的人争较财富多少，不和热心仕途的人争较地位高下，不和骄傲自夸的人争较名声大小，不和年轻力壮的人争较仪容风度，不和逞强好胜的人争较胜负高低。

【故事解读】

争强好胜，要把握度，不是什么事情什么时候都可以争强好胜的，为人处世一定要把握好尺度。俗话说，忍一时风平浪静，退一步海阔天空。与人相处不盛气凌人，不与人争是非短长，并不是说不与人讲道理，也并不是说一味软弱忍让，而是说当对方以盛气对待我们时，我们能以心平气和的心态应付。宋朝的程明道与王安石因变法一事产生了分歧，王安石勃然大怒。但是程明道和颜悦色地说：天下的事不能只凭某一人的观点来评定，希望你能够以公正平和之心对待。王安石为之深深叹服。不与盛气之人争，恰恰是运用和气克制住了对方的盛气，让对方心服口服，甘拜下风。

【原典】

浓于声色，生虚怯病。浓于货利，生贪饕病[1]。浓于功业，生造作病。浓于名誉，生矫激病。

【出处】

清代金缨《格言联璧·持躬类》。

【译文】

迷恋歌舞女色的心太强烈了，就会生出虚怯的毛病来；追逐钱财利益的心太强烈了，就会生出贪得无厌的毛病来；热衷功名成就的心太浓重了，就会生出造作的毛病来；追求声誉名望的心太浓重了，就会生出言行偏激的毛病来。

【故事解读】

贪欲是罪恶的深渊，要学会克制心中的欲望。沉迷于声色会使人虚弱，沉迷于钱财会使人贪得无厌，沉迷于功名会使人矫揉造作，沉迷于名誉使人言行偏激。

---

① 贪饕：贪得无厌。

【原典】

莫轻视此身，三才[1]在此六尺[2]；莫轻视此生，千古在此一日。

【出处】

清代金缨《格言联璧·持躬类》。

【译文】

不要轻视自己的身体，所有的才智都能在我们身上得到表现；不要轻视持自己的生命，千古的功德都会在此生中得以建立。

【故事解读】

要爱护自己的身体，身体是父母给的，不爱惜自己的身体就是对父母的不孝。要珍惜自己的身体，身体是革命的本钱，不珍惜自己的身体怎么能担当建功立业的大任？身体是一切才华道德、荣华富贵的载体，没有身体的存在就不会拥有才华道德、荣华富贵。所以要爱护和珍惜自己的身体，为报答父母之恩，也为建功立业。要想建功立业就要珍惜时间，勤奋学习，艰苦奋斗，积累德学。如果从某日开始积德行善的话，则可能会在一生中建立不朽的功业。只要活着的时候多做有益于社会的事，我们就会从中得到无比的快乐，离开人世的时候才能无怨无悔。如果蹉跎岁月，即使活到百岁也是行尸走肉，也会愧对此生。

---

① 三才：指天、地、人。

② 六尺：指身躯。

【原典】

一能胜千，君子不可无此小心；吾何畏彼[①]，丈夫不可无此大志。

【出处】

清代金缨《格言联璧·持躬类》。

【译文】

一个人的力量有时可能超过千百人的力量，作为君子不能没有这种戒心；我何必畏惧他人，大丈夫不能没有这种志向。

【故事解读】

无论做什么事情都要勇敢，不要畏惧。勇气是自信的坚强后盾，有勇气，做起事情来就不会缩手缩脚，才能克服困难，勇往直前。战场上的将军百战百胜，除了武艺高强，还要勇猛过人。战场上一对一挑战是很正常的现象，如果能够以一抵百，甚至凭一人之力胜过千人，这才能真正称得上勇敢与强大。譬如考试评级别，分为优、良、中、差四等，许多人都在为得到“良”这一等级而兴奋，却没有看到比自己更高一级的“优”等。没有最好，只有更好，人生在世要不断地追求进步，向更高的目标迈进。

① 吾何畏彼：《孟子·滕文公上》：“彼丈夫也，吾丈夫也，吾何畏彼哉？”

【原典】

怪小人之颠倒豪杰，不知惟颠倒方为小人；惜君子之受世折磨，不知惟折磨乃见君子。

【出处】

清代金缨《格言联璧·持躬类》。

【译文】

责怪小人做颠倒豪杰之事，而不知只有颠倒豪杰的人才是小人；怜惜君子受尽世事折磨，而不知只有在磨炼之中才能见到君子。

【故事解读】

自然界的昆虫有益虫和害虫之分，人类同样也是良莠不齐，有“君子”“小人”之分。在人际交往中，只要你留心观察便不难发现，在你的周围就有不少阴险“小人”。他们造谣生事、挑拨离间，甚至会在你的上司、同事或家人面前诬陷你、诽谤你，实在令人防不胜防。

古人云：“宁可终岁不读书，不可一日近小人。”这充分说明古人对“小人”是多么深恶痛绝。事实上，大到一个国家小到一个单位，只要有小人存在，就会“鸡犬不宁”。因此，你要想避免自己受到伤害，就必须认清“小人”的丑恶嘴脸，慧眼识破“小人”的招数，为自己构筑一道防火墙，做到防患于未然！然而，对大多数人来说，要分清谁是“君子”、谁是“小人”并不是一件容易的事。因为“小人”没有特别的样子，脸上也没写上“小人”二字，不像京剧中的脸谱，生旦净末丑，一目了然。有些“小人”甚至还长得又帅又漂亮，有口才也有内才，一副大将之才的样子。

【原典】

经一番挫折，长一番识见；容一番横逆，增一番器度；省一分经营，多一分道义；学一分退让，讨一分便宜；去一分奢侈，少一分罪过；加一分体贴，知一分物情。

【出处】

清代金缨《格言联璧·持躬类》。

【译文】

经历一番挫折，就会增长一分见识。容忍一番横行逆流，就会增加一分度量。节省一分利益的经营，就会增长一分道义。学习一分退让，就会得到一分好处。去掉一分奢侈，就会减少一分罪过。增加一分认识，就会多懂一分人情世故。

【故事解读】

要成为生活的强者，就要学会面对挫折和容忍灾难。现实生活中，人人都可能因为某种原因而遇到各种各样的挫折，它是每个人都无法避免的。挫折虽然会给我们带来精神上的烦恼和痛苦，但能使我们适应困难，经受挫折，得到锻炼，增强适应社会的能力。生活中的挫折与逆境是对人的考验，这些不幸的遭遇虽然让人受到伤害，却铸造了人的坚强；虽然让人遭受屈辱，却使人更加珍惜自尊……因此，当你在生活中遇到挫折的时候，千万不要心生怨恨，因为那是人生的一种考验，只要能坚持下去，就是向精彩的人生迈进了一步。

【原典】

不自重者取辱，不自畏者招祸；不自满者受益，不自是者博闻。

【出处】

清代金缨《格言联璧·持躬类》。

【译文】

不懂得自爱自尊就是自取其辱，没有畏惧心的人常常会招惹祸端，不骄傲自满的人就能受益匪浅，不自以为是的人才能拥有渊博的知识、高深的见识。

【故事解读】

自尊自爱是一种对自我的关注与肯定，是一个人的快乐之源，更是成功之始。自尊自爱就是要肯定自己、认同自己。就是要告诉自己“我能行”，就是要表现出自信。自信是自尊自爱的前提，有了自信，你会更加有激情，也就更快乐。当然，自信也是成功的一半。我们不难看到，不管是下海的弄潮儿，还是政界叱咤风云的人物，或是奥运会领奖台上的运动健儿，他们的成功之花都少不了自信的浇灌。人要自尊自爱，在鲜花与赞美中保持清醒的头脑，不能迷失方向。人要有傲骨，更要虚心。保持一颗平常心，正视自己的成绩，发现自己的不足，才能让自己取得更大的进步。

姜三

【原典】

能媚我者，必能害我，宜加意防之；肯规予者，必肯助予，宜倾心听之。

【出处】

清代金缨《格言联璧·接物类》。

【译文】

能向我献媚的人，一定能伤害我，最好加以提防；肯规劝我的人，必定肯帮助我，最好用心倾听他的话。

【故事解读】

俗话说得好，无事献殷勤非奸即盗。如果有人向我们献媚，一定有求于我们或者有害于我们，一定要保持头脑清醒，不要被谗言麻痹。平时直言进谏的人，在患难时定不会弃主而去，卖主求荣，做不仁不义之事。献媚之人善于巧饰，所以花言巧语往往会迷惑他人，这样的人定要严加防范。有些人忠心直言，陈说利弊，虽然言辞显得激烈，但忠言逆耳，是真心实意地想帮助对方。

【原典】

出一个大伤元气进士，不如出一个能积阴德平民；交一个读破万卷邪士，不如交一个不识一字端人①。

【出处】

清代金缨《格言联璧·接物类》。

【译文】

培养一个伤害人世元气的进士，不如栽培一个能积荫德的平民百姓；结交一个读书万卷的邪恶之人，不如结交一个一字不识的端庄之人。

【故事解读】

世上有才能的人很多，但是德才兼备的人很少。有才的人不一定都是有用的人，有才的人不一定都是好人。加害于国家社稷的有才之人，是百姓和国家的不幸。有人精明强干，但误入歧途，为非作歹，欺骗百姓，这才能又有何用，还不如做一个才智一般、安分守己的平民百姓，不求有功但求无过。

---

① 端人：品行端正之人。《孟子·离娄下》："夫尹公之他，端人也，其取友必端矣。"赵岐注："端人，用心不邪僻。"

【原典】

大恶多从柔处伏，须防绵里之针；深仇常自爱中来，宜防刀头之蜜。

【出处】

清代金缨《格言联璧·接物类》。

【译文】

大的罪恶多潜藏在柔弱的地方，要小心提防藏在丝绵里的针；深仇大恨常因爱而生，最好严防刀刃上的蜜汁。

【故事解读】

错误或过失常常发生在不起眼的地方或是由个人的疏忽造成，让人难以预料，防不胜防。诸葛亮命令马谡守街亭，本以为会稳操胜券，结果才知用错了人，失去了北攻曹魏的最好机会。龟兔赛跑，谁都认为兔子必胜无疑，但其却因骄傲自大而失去了绝对优势，把胜局拱手相让。做事不能刚愎自用，来不得半点马虎，更不能认为有百分之百的把握，哪怕有百分之一的不确定因素也要留意，提醒自己不要放松警惕，以免因小失大。

【原典】

惠我者小恩，携我为善者大恩；害我者小仇，引我为不善者大仇。

【出处】

清代金缨《格言联璧·接物类》。

【译文】

施恩惠给我的是小恩，教我从善的才是大恩；伤害我的人是小仇，引诱我为恶的才是大仇。

【故事解读】

授人以鱼不如授人以渔。给人物质上的帮助，不如教其学会经营生活的一技之长。拿对贫困人口的扶助来说，钱财物品虽然能解一时的燃眉之急，但无法从根本上消除贫困。最好的方法还是让他们自力更生，寻找从根本上解决贫困的途径，或者是因地制宜发展生产，或是依靠科技开辟新的致富门路。支援是输血，但不稳定，失去了血液来源就会死亡；自力更生是造血，虽然辛苦，但可以维持长久。

【原典】

喜时说尽知心，到失欢①须防发泄；恼时说尽伤心，恐再好自觉羞惭。

【出处】

清代金缨《格言联璧·接物类》。

【译文】

高兴的时候把知心话说尽，失意的时候就应防止对方以此泄愤；生气的时候说尽了伤人的话，事过之后反省自身，必会羞愧不已。

【故事解读】

兴奋时谨慎言行，失意时抑制愤怒。酒逢知己千杯少，话不投机半句多。人往往会得意忘形，尤其在高兴的时候，一般人往往会侃侃而谈。人在愤怒的时候会失去理智，无所顾忌，怒火中烧的人往往无法控制情绪，而易做出过激的事，说出过激的话，深深伤害到一些人。等事过之后，又常常后悔难当，真可谓自作自受。

---

① 失欢：失去他人欢心，失和。《旧五代史》："因责延广曰：'致南北失欢，良由尔也。'"

【原典】

盛喜中勿许人物，盛怒中勿答人言。

【出处】

清代金缨《格言联璧·接物类》。

【译文】

非常高兴的时候不要对别人有所许诺，盛怒之下不要回答他人的提问。

【故事解读】

人高兴的时候，也是心情十分舒畅、精神十分放松的时候，如果有人此时提出要求，很可能因考虑不周到，不假思索地应承下来。但事后冷静地考虑，又觉得挺为难，因为我们无法兑现承诺，结果反倒落个不守信用的恶名。盛怒之时最好能耐得住，不要做任何决定，切不可胡言乱语，如若不然，很可能就会因为一个微小的问题而节外生枝，惹下祸患。

【原典】

静坐常思己过，闲谈莫论人非。

【出处】

清代金缨《格言联璧·接物类》。

【译文】

一个人静坐时要时常考虑自己的过失，闲谈时千万不要议论他人的缺陷。

【故事解读】

懂得修身养性的人，都是从容而纯朴的，因为在他们看来，一切暴戾、一切怨恨、一切偏激、一切极端，都远离了智慧的本源，静坐之时，是一个人心底最宁静、头脑最清醒的时候，如果能时常反省自身，知错就改，必能增进德行。闲谈时经常有因言语不慎而惹是生非的，指责他人的错误，揭露他人的隐私，甚至恶语中伤诽谤，都会在无意中被提及，给自己带来一身是非。

【原典】

对痴人莫说梦话，防所误也；见短人莫说矮话，避所忌也。

【出处】

清代金缨《格言联璧·接物类》。

【译文】

对痴迷之人不要胡言乱语，以防他有所误会；对矮小之人不说他所忌讳的话。

【故事解读】

与人相处，要讲相处之道。人与人之间相处“和”字最可贵。生活中与糊涂之人相处，尽量少说话。对方无法理解，使我们多费些口舌倒还无所谓，怕的是让对方产生误会，曲解我们的意思，使我们蒙受不白之冤。说话看对象是语言艺术的一个重要方面。当着矮人不说短话，如果为了显示自己而故意揭露对方的缺点，不但伤人，还可能给自己树敌。

【原典】

面谀[①]之词，有识者未必悦心；背后之议，受憾[②]者常至刻骨。

【出处】

清代金缨《格言联璧·接物类》。

【译文】

当面奉承的话，有见识的人未必就会因此而高兴；背后议论他人的是非，被议论者听到必会恨之入骨。

【故事解读】

祸从口出。因此奉承话少说，诽谤话勿言。对于一些爱听拍马溜须之言的人来说，阿谀奉承确实能够起到一定的作用。而对于那些洞晓事理、通情达理的人来说，奉承话未必就管用，甚至还会使人生厌。背后议论他人是非多为小人之举，如果让他人听见，必会结下仇怨，甚至遭到报复。谨慎言行，才是为人处世的基本准则。

---

① 面谀：当面恭维。《孟子·告子下》：“与谗谄面谀之人居，国欲治，可得乎？”

② 憾：恨，此处指被议论的对象。

【原典】

攻人之恶毋太严，要思其堪受；教人以善毋过高，当使其可从。

【出处】

清代金缨《格言联璧·接物类》。

【译文】

指责他人不要太过苛刻，要想想他是否能承受；教人行善不要要求太高，应以使其能够接受、听从为准。

【故事解读】

对待他人要宽容，要心平气和。一定要注意，批评别人是想让其改正错误，不是为了攻击。批评指责他人不可以太苛刻，如果求全责备，逼之过急，很可能会使其丧失生活的希望，产生绝望的心理，或者变本加厉，一错再错。只有晓之以理，动之以情，良言相劝，给予其改过自新的机会，才会使他们悔悟。教人行善要依据他人的天性本能，切不可急于求成，所谓欲速则不达，如果操之过急，可能会适得其反。

姜彬

【原典】

敬为千圣授受真源，慎乃百年提撕紧钥①。

【出处】

清代金缨《格言联璧·持躬类》。

【译文】

恭敬乃处事圆满的根源，谨慎方为百年警觉自身的关键。

【故事解读】

“提撕”在此为教导、警觉的意思。《颜氏家训·序致篇》中有：“吾今所以复为此者，非敢轨物范世也，业以德齐门内，提撕子孙。”意思是说，现在我之所以要重新编写此书，并不敢以此来规范世人的言行，只是用来整顿家风，提醒和教导子孙后代罢了。

人往往对自己要求松懈，对别人要求很严格。因为发现别人的缺点容易，发现自己的缺点难。好比没有镜子看不到自己的脸，

---

① 紧钥：关键。

到镜子跟前看自己就看得很清楚。因为看别人不用镜子也能看得全面、看得清楚，看自己没有镜子，看得不全面也不清楚。自己的缺点都改不了，又有什么资格责备别人呢？因此当看到别人的错误时，要冷静客观，先自省然后再作决定，这才是明智之举。

【原典】

富以能施为德，贫以无求为德，贵以下人为德，贱以忘势为德。

【出处】

清代金缨《格言联璧·持躬类》。

【译文】

富裕的人以舍得施恩为美德，贫穷的人以无所欲求为美德，显贵的人以平易近人为美德，平凡的人以蔑视权贵为美德。

【故事解读】

“富以能施为德”是一种富贵当仁的高尚品德，也是富人获取幸福快乐的一种方式。俗话说，付出永远比索取快乐。助人为乐，是一种高贵的品德。人生在世，要有高尚的精神境界，“富贵不能淫，贫贱不能移，威武不能屈，此之谓大丈夫”，这就是古代圣贤君子坚持的道德标准。意思是富贵不能使我放纵享乐，贫贱不能使我改变志向，威武不能使我卑躬屈膝，这样的人才称得上大丈夫。虽然身份高贵，但是不仗势欺人，恃强凌弱；虽然生活贫困，但是要志向坚定；虽然身份低微，但是不向恶势力卑躬屈膝，虽然生活富裕，也不忘救济他人，这样的人可以说是时代精神的实践者和倡导者。

【原典】

行己恭，责躬厚，接众和，立心正，进道勇，择友以求益，改过以全身。

【出处】

清代金缨《格言联璧·持躬类》。

【译文】

行为恭敬谦虚，待人亲切宽厚，与人处事平和，心意公平正直，学圣贤之道勇于进取，择友要对自身有益，改过自新来完善自己的身心。

【故事解读】

德才兼备是一种崇高境界。德才兼备的人为人恭敬谦逊，做事正直宽厚，交往的是志同道合的朋友，追求学问孜孜不倦，十年磨一剑。骄傲自满是失败的前兆，有可能成功的人士都败在一时的自以为是上。为人自满必定看不到自己的缺点，不能够很好地把握事态，任自己的性格行事，到最后只会落得功败垂成的结果。人们常说“性格决定命运”，什么样的性格决定你成就多大的事业。向一个容器里灌水，如果太满了水就会溢出来。人也是一样，一个人过于骄横霸道，必定会走向毁灭的结局。相反，为人谦虚，谨慎敬业，首先就赢得了胜利的契机，离成功也近了许多。

【原典】

度量如海涵春育，应接如流水行云。操存如青天白日，威仪如丹凤祥麟。言论如敲金戛石，持身如玉洁冰清。襟怀如光风霁月，气概如乔岳泰山。

【出处】

清代金缨《格言联璧·持躬类》。

【译文】

度量要犹如大海一样能容纳一切，犹如春风一样滋润万物，待人接物犹如行云流水一样清白；情操犹如青天白日一样光明，威仪犹如丹凤呈祥；言论犹如敲金石一样响亮，持身犹如玉一样洁、冰一样清；胸襟抱负犹如和风明月一样和蔼，气概犹如泰山一样崇高。

【故事解读】

严于律己、宽以待人是为人处世的基本原则。我们的度量要如大海般容纳一切，如春风般滋润万物，处事应当如行云流水般明朗。一个宽容的人，到处可以契机应缘，和谐圆满，笑对人生。宽容也是一种无声的教育，俗话说，以柔克刚，因为柔弱之人以宽容之心可以化解诸多矛盾与仇恨，以博大的胸怀容忍生活中的不平遭遇，胸襟抱负像和风明月般和蔼，气概像泰山般崇高，就可以赢得美好的人生。

【原典】

处草野①之日，不可将此身看得小；居廊庙②之日，不可将此身看得大。

【出处】

清代金缨《格言联璧·持躬类》。

【译文】

身处乡间野外时不要把自己看轻了，身处朝廷府第之中时也不要把自己看高了。

【故事解读】

以上这句格言与范仲淹的“处庙堂之高则忧其民，处江湖之远则忧其君”有异曲同工之妙。当身处民间时切不可小瞧了自己，只要肯为百姓多做善事，多谋幸福，无论身份多低微都不会影响自己名垂千古，流芳百世。在朝廷之上为官从政，也不能自高自大、轻视百姓。如果不能为百姓排忧解难、秉公办事，而是利用手中权力为非作歹，徇私舞弊，即使地位再高也终会落下千古骂名。即使是皇帝，如果滥用权力，奢侈浪费，也会受到应有的惩罚，如果不听忠良之臣的劝谏，迟早会丢了江山，遭受亡国之君的耻辱。

---

① 草野：指民间。

② 廊庙：指朝廷。

【原典】

有补于天地曰功，有关于世教曰名，有学问曰富，有廉耻曰贵，是谓功名富贵。无为曰道，无欲曰德，无习于鄙陋曰文，无近于暧昧曰章，是谓道德文章。

【出处】

清代金缨《格言联璧·持躬类》。

【译文】

对天地万物有所增益弥补称为功，对世道有所说教称为名，有学问称为富，有礼义知廉耻为贵，这就是所谓的功名富贵。无所求称为道，无所欲称为德，没有世俗的恶俗陋习称为文，处事有准则称为章，这就是所谓的道德文章。

【故事解读】

要想知足常乐，不妨多学一些道家思想。道家提倡自然无为，提倡与自然和谐相处。如果追求自然无为就不会为功名利禄这些身外之物所累，如果追求自然和谐，就会陶冶心情，心情就会恬静舒畅。心情好了，烦恼就会消失，就会感觉满足，就会实现知足常乐。平常人大多抱着一种不求有功、但求无过的处世态度，虽然这种观念有些消极，但确实可以让自己活得坦然自在。这样的人表面看似无功，其实他们的无过也是一种功劳。不学无术虽拥有无数的钱财可以满足物质上的需求，但无法填补精神上的空虚，只有勤奋读书虚心做学问，才可以使精神世界变得充实。

【原典】

心志要苦，意趣要乐，气度要宏，言行要谨。

【出处】

清代金缨《格言联璧·持躬类》。

【译文】

要有辛劳的心志，乐观的意志，宽宏的气度，谨慎的言行。

【故事解读】

要想成就一番大事业，就要磨炼坚定的意志，有坚强的毅力、宽广的胸襟，严格要求自己的行为举止。古人云：天将降大任于是人也，必先苦其心志，劳其筋骨。拥有顽强而又百折不挠的意志是一个人成功的前提。乐观是面对人生的最好态度，塞翁失马，焉知非福？不经历风雨，又怎能看到炫丽的彩虹。人生的路不会总是一帆风顺的，但只要坚强不屈，虽然脚下的路崎岖不平，前途永远是光明的。宽宏大量体现的是一个人的胸怀气度，忍别人所不能忍，容别人所不能容，你就比别人高一筹，因为忍耐使你避免了许多麻烦，而宽容使你的襟怀变得更为开阔。小心谨慎的言行表现的是为人处世的一种方法，它并不代表遇事缩手缩脚，优柔寡断，而是深思熟虑后的胸有成竹。

【原典】

心术以光明笃实为第一，容貌以正大老成为第一，言语以简重真切为第一。

【出处】

清代金缨《格言联璧·持躬类》。

【译文】

用心最重要的是要光明诚实，外貌最关键的是要正直稳重，说话最重要的是要简洁诚恳。

【故事解读】

人之初性本善，但人的性情随着环境的变化会有所改变。俗话说，近朱者赤近墨者黑，可见环境对人的品德影响之大。心术有正邪之分，能正直敦厚、坦然诚恳地运用，定会得到社会民众的认可和支持。如果心术不正，危害社会，必然会遭到抵制和打击。一个人外表显得正直稳重，定会给人留下良好的印象；如果举止轻浮，行为邋遢的话，就会被人认为缺少教养，从而让人产生厌恶之情。言辞是一个人道德修养的重要表现之一，如果言语简洁明了而且和蔼可亲，定会给人留下良好的印象，如果说话吞吞吐吐或故弄玄虚，必会让人怀疑是能力不够或者人品不可靠。

【原典】

此生不学一可惜，此日闲过二可惜，此身一败三可惜。

【出处】

清代金缨《格言联璧·持躬类》。

【译文】

人生有三件事最为可惜：第一是不学习，第二是虚度光阴，第三是败坏身心。

【故事解读】

一个真正成功的人往往能长时间维持自己的成功，那么，他们的成功是靠什么维系的呢？细究起来固然有诸多因素，但是其中最耀眼的闪光点是成功者孜孜不倦的学习精神。对成功者而言，金钱不是他们最重要的财富，知识才是最可靠的财富，是唯一可以随身携带、终身享用不尽的资产。于是成功者会把学习视为一生的课题，通过不断地学习各个方面的知识来充实大脑。

犹太人在教育孩子时总是强调学习的重要性，他们会告诉孩子知识是无穷无尽的，只有不断地学习才能掌握更多的知识，使自己更博学、智慧，从而将知识转化成财富。

【原典】

自责之外，无胜人之术；自强之外，无上人之术。

【出处】

清代金缨《格言联璧·持躬类》。

【译文】

除了反省之外，没有能胜过他人的策略；除了自强不息之外，没有能超过他人的策略。

【故事解读】

反省是一面镜子，帮你找出自己的不足；反省是好友的一句鼓励的话，鼓舞你不断前进；反省是前进的动力，推动我们走向成功。自责是反省的一种方式，自责对自身来说是一种警醒，一种认识错误后的悔过与改正，它能够使自身完善，提高道德修养与思想水平。自强不息代表着一种勇于攀登、不肯服输的奋斗精神，唯有这种精神才可以激励自己去战胜困难，取得比他人更辉煌的成就。

【原典】

语言间尽可积德，妻子间亦是修身。

【出处】

清代金缨《格言联璧·持躬类》。

【译文】

与人交谈时候都可以积德，与妻子儿女相处时也可以修身养性。

【故事解读】

只要自己下决心修身养性，提高自己的涵养，就可以逐渐完善自身。在与别人交谈对话时都可以积累善德，在与妻子儿女相处的时候也可以修身。总的来说，提高自身的修养是无处不在的。有修养的人与无修养的人是截然不同的两种人。同样一件事，有人可以把它说得清晰透彻、鞭辟入里，而有的人说来则词不达意，让人不知所云；同样是赞美，有人说来让人心花怒放，而有人说来则使人如食蝇蚊，有恶心的感觉。同样是批评，有人说来可以使人心悦诚服，甚至感激涕零，而有人说来则会让人勃然大怒，甚或拳脚相向。所以说，言辞运用好了，就能积聚德行，运用不好，就会带来灾祸。

【原典】

欲理会七尺，先理会方寸①；欲理会六合②，先理会一腔。

【出处】

清代金缨《格言联璧·持躬类》。

【译文】

想要端正自身的行为，首先要端正自己的内心；想要处理好天下大事，首先要处理好自身的小事。

【故事解读】

古人云，欲正人者必先正己，己身不正何以正人？人们佩服的都是强者，确切地说是比自己强的人。作为领导者，一定要拥有值得属下佩服的本领或者品德。有些事情自己都做不到，却一味地强求别人去完成，这样只会失去人心，让人无法信服。只有自己做到了，我们才有资格向别人提出要求。一屋不扫，何以扫天下？连自己身边简单的事情都做不好，终无法成就大的事业。

① 方寸：指人的心。

② 六合：天地四方。泛指天下大事。

【原典】

聪明者戒太察，刚强者戒太暴，温良者戒无断。

【出处】

清代金缨《格言联璧·持躬类》。

【译文】

聪明的人戒过于明察，刚强的人戒过于暴躁，温和的人戒过于优柔寡断。

【故事解读】

聪明的人有时过于精明算计，结果很可能会聪明反被聪明误。比如“画蛇添足”中的主人公不可谓不聪明，因为他最先画完了蛇，看到别人还在埋头画，就想高人一等，便又想起为蛇画脚，结果失去了那壶酒。刚强的人正直勇敢，但性格有时过于鲁莽暴躁。比如三国名将张飞的死亡与其暴躁过度的脾气有很大的关系。温和的人多慈祥仁义，但在遇事时易优柔寡断，瞻前顾后，不能果断行事，从而错失大好时机。真可谓：当断不断，反受其乱。

【原典】

以恕己之心恕人则全交，以责人之心责己则寡过。

【出处】

清代金缨《格言联璧·持躬类》。

【译文】

用宽恕自己的想法宽恕别人，那么就会交到越来越多的知己好友，用责备他人的心责备自己，那么自己的过错就会减少。

【故事解读】

生活中，能够严于律己，宽以待人，就会活得洒脱，就会拥有好人缘。有容人之量，方显君子之风。能包容自己错误的那是偏爱、是自私；能包容他人的错误，才是有度量，是宽容。宽容就要学会设身处地为他人着想，与人分享快乐分担痛苦，只有共同把蛋糕做大，才能分得更多的食物。人与人之间相处，就应该多一些宽容和谦让。在互不相让中争得你死我活，实在是人生的悲哀。

【原典】

众恶必察，众好必察易。自恶必察，自好必察难。

【出处】

清代金缨《格言联璧·持躬类》。

【译文】

观察他人的好恶缺点就容易观察得到，但是观察自身的好恶缺点就难发现了。

【故事解读】

金无足赤，人无完人。每个人都有优点也都存在缺点，所以要客观地看待他人，不能看别人只看缺点，看自己只看优点。应该严于律己，宽以待人，这样才能与人和睦相处。发现别人的缺点容易，发现自己的缺点难。评价他人能够详细具体，但公正地评价自己就困难了。路遥知马力，日久见人心。他人的好坏优劣，时间长了，总能通过日常生活中的一言一行表现出来。可对于自身来说，因个人的偏爱、纵容，甚至是包庇隐瞒，能够客观公正评价自我的人是很少的。人贵有自知之明，一个不愿看清楚自己的人是难以进步的，是无法在世上立足的。

【原典】

见人不是，诸恶之根。见己不是，万善之门。

【出处】

清代金缨《格言联璧·持躬类》。

【译文】

眼里只看到别人的缺点看不到自己的毛病，这是万恶之源。眼里能看到自身的缺点，才是善良美德的根本。

【故事解读】

庸人的眼光，看别人浑身是缺点，看自己全身是优点。圣人恰恰相反，看别人力求发现别人的优点，看自己力求发现自身的缺点。圣人能够严于律己、宽以待人，这就是圣人的高明之处。大多数人只看到别人的过失，看不到自己的过错，这是为学之人的通病，也是制约自身不能突飞猛进的原因。只见他人短处，就无法虚心学习他人的长处，只见自身的长处就无法改正自身的缺陷取得进步，这样又怎能使自己的学问德业更上一层楼呢？

【原典】

不为过三字，昧却多少良心；没奈何三字，抹去多少体面！

【出处】

清代金缨《格言联璧·持躬类》。

【译文】

“不为过”这三个字使多少人为此昧了良心，“没奈何”这三个字使多少人为此失去了体面。

【故事解读】

人非圣贤，孰能无过，要学会正视自己的错误，敢于面对自己的过失，敢于承担责任，亡羊补牢为时不晚。人可贵的是知错能改，这样才会吃一堑长一智，才会有进步。其实每个人都不愿意做错事、都不想犯错误，可是生活中很难避免错误，所以要正视错误，勇于面对，逃避是解决不了问题的。犯了错误，也不要惊慌失措，更不要隐藏，应该冷静地想想解决的方法。面对过失，有不少人是极力掩饰，甚至不择手段地嫁祸他人，这样虽然暂时逃避了责任，但是实际上是自己给自己的良心抹黑，暗中却使自己遭受良心上的谴责。爱慕虚荣，贪图好的名声，其实都是为了获取个人利益，这些虚伪的举动是无法欺骗世人的，即使能够瞒人一时，但不能够瞒人一世。

【原典】

品诣常看胜如我者，则愧耻自增；享用常看不如我者，则怨尤自泯。

【出处】

清代金缨《格言联璧·持躬类》。

【译文】

常常看修养品德胜过自己的人，那么惭愧耻辱油然而生。常常看物质享受不如自己的人，那么埋怨情绪自然消失。

【故事解读】

“品诣常看胜如我者，则愧耻自增”，意思是经常看到修养品德胜过自己的人，就会增加羞耻愧疚之心。对人的学习工作事业有鞭策的作用，值得人好好品味。“享用常看不如我者，则怨尤自泯”，意思是经常看到物质生活不如自己的人，埋怨之意自然就会消失。保持心安理得的心理状态，对于贪婪的人有遏制的作用。近朱者赤，近墨者黑。经常与道德高尚的人接触，定能提高自己的修养，经常与鸡鸣狗盗之人为伍，也必会沾染许多不良习气。与品德高尚之人相处，让我们看到自身的不足时会心生羞愧之感，从而使自己立志上进，追赶强者。对生活不满足的时候，就要体味一番贫穷人的生活，从而使自己珍惜来之不易的幸福。

【原典】

对失意人，莫谈得意事；处得意日，莫忘失意时。

【出处】

清代金缨《格言联璧·持躬类》。

【译文】

对失意的人不要谈论春风得意的事，处于得意的时候也不要忘记失意的日子。

【故事解读】

打人不打脸，说话不揭短，是与人和睦相处的方法，一定要牢牢谨记。面对失意的人谈论自己得意的事情，只会增加对方的伤心，还会引起对方的反感。得意的时候不能忘形，得意时不忘乎所以，不被眼前一时的喜悦冲昏头脑，而是能够始终保持冷静清醒的头脑，就会减少犯错。不忘曾经所遇的苦难，懂得失意打击是人生必须要经历的事情。时常提醒自己要居安思危，心存忧患意识，这样才会时刻督促自己谨慎行事，使事业通达顺畅。

【原典】

贫贱是苦境，能善处者自乐；富贵是乐境，不善处者更苦。

【出处】

清代金缨《格言联璧·持躬类》。

【译文】

贫贱是一种苦难的境界，如果能够正确对待便会自得其乐；富贵是一种快乐的境地，如果不能很好地对待也会乐极生悲。

【故事解读】

身处幸福生活之中，说自己活得很快乐，这是天经地义的事，因为幸福是人人都向往的，是人生中最大的梦想。如果生活贫穷卑贱，那又当如何呢？是沉沦颓废，还是苦中作乐？这就完全取决于人的心态了。悲观之人想到的是再无出头之日，于是便得过且过，失去了上进的动力。而乐观之人想到的是车到山前必有路，只要自己能忍一时之苦，将来必能出人头地。越王勾践卧薪尝胆，忍辱负屈，为越国增强国力赢得了宝贵时间，最终报仇雪耻，实现了复国大志。

姜晴岚

【原典】

世路风霜，吾人炼心之境也；世情冷暖，吾人忍性之地也；世事颠倒，吾人修行之资也。

【出处】

清代金缨《格言联璧·存养类》。

【译文】

人生仕途的沧桑是磨炼我们意志的环境，世情的冷暖炎凉是锻炼我们克制性情的地方，人情世故的是非颠倒是磨炼我们修身实践的依据。

【故事解读】

人生充满了酸甜苦辣，人生要经历春夏秋冬，人生就是磨炼心智的过程。譬如，温室中的花经不起风吹雨打，生命脆弱；梅花香自苦寒来，梅花独傲寒霜中，还能够绽放精彩的生命，生命坚强。要使自己变成生活的强者，就必须在挫折中磨炼坚强的意志。挫折是每个人生活中都会遇到的，只是形式、大小不一而已。

只有经历过挫折才能激发勇气，才能像雄鹰一样勇敢地在天空中翱翔。我们要学会正视挫折，在挫折面前不畏惧，用“吃一堑，长一智”的心态鼓舞自己，在挫折面前勇往直前，这样我们才会成为生活的强者。

【原典】

青天白日[①]的节义，自暗室屋漏中培来；旋乾转坤的经纶，自临深履薄[②]处得力。

【出处】

清代金缨《格言联璧·存养类》。

【译文】

光明正大的行为，从拒绝诱惑克服困难中得来；扭转天地的治世能力，从如履薄冰的谨慎挫折中得来。

【故事解读】

人们都喜欢追求物质享受，不希望自己吃苦。所以，生活是越方便越好，越轻松越好。弘一大师曾经对别人说过这样一段话："若诸位有空，可以到我房间里来看看，我的棉被面子，还是出家以前所用的；还有一把洋伞，也是 1911 年买的。这些东西，即使有破烂的地方，请人用针线缝缝，仍旧同新的一样，由我尽情受用！不过，我所穿的小衫裤和罗汉草鞋一类的东西，却需五六年一换，除此以外，一切衣物，大都是在家时候或是初出家时候制的。"的确，艰苦的生活对人来说是一种磨炼，是锻炼一个人意志品质的重要方式，同样也是培养人们具有远大的人生志向和浩然正气的途径。能够忍受住苦难生活的磨炼，在人生道路上遇到任何艰难险阻都不会害怕了。

---

① 青天白日：比喻清白、光明磊落。

② 临深履薄：比喻小心谨慎。

【原典】

名誉自屈辱中彰，德量自隐忍中大。

【出处】

清代金缨《格言联璧·存养类》。

【译文】

人的名望与声誉在委屈侮辱中才能得以显扬，德行与度量在强力克制忍耐中才能得以发扬光大。

【故事解读】

孟子云："天将降大任于是人也，必先苦其心志，劳其筋骨，饿其体肤，空乏其身，行拂乱其所为，所以动心忍性，增益其所不能。"自古人们就看到，苦难不是磨灭人意志的工具，而是激发人成长的阶梯。弘一大师的人生经历正好诠释了孟子的话，他一生历经苦难，受尽折磨，但他从来没有怨言，并不以此为苦，而是把吃苦看作人生前进的阶梯，最终取得巨大成就，修成正果。

【原典】

喜来时，一检点。怒来时，一检点。怠惰时，一检点。放肆时，一检点。

【出处】

清代金缨《格言联璧·存养类》。

【译文】

沾沾自喜的时候要对自身检查约束，愤怒的时候要对自身检查约束，懒惰的时候要对自身检查约束，放纵的时候要对自身检查约束。

【故事解读】

退一步海阔天空，有时候，换个思维想一想，对于生活中一些无关紧要的小事，愤怒实在是没有必要，凡事总能找到解决的途径，愤怒只会使事情陷入僵局。正如一句俗语：一个愤怒的人对着围满镜子的四周咆哮不已，结果镜子里所有的人都向他龇牙咧嘴。你怎样对待别人，别人就会怎样对待你。告别愤怒，让宽容化解恩怨，人生苦短，多留些快乐的日子给自己吧！

【原典】

自处超然，处人蔼然，无事澄然，有事斩然，得意淡然，失意泰然。

【出处】

清代金缨《格言联璧·存养类》。

【译文】

个人独处时能超然世外，与人共处时能和蔼可亲，无事可做时能宁静，有事时能果断，得意时能淡泊，失意时能顺其自然。

【故事解读】

个人居住的时候，要体验孤独寂寞，同时也享受宁静；身处繁华的都市，喧闹的街巷，耳目里全是嘈杂，宁静的环境可以陶冶人平和的心性，与人相处时就会显得和蔼可亲。享受宁静，与人和睦相处有利于修养心性，是对生活的无限热爱与追求。得意时能够淡然，不张扬炫耀，失意时不绝望，不气馁，这是为学成事的最佳状态。

【原典】

有才而性缓，定属大才；有智而气和，斯为大智。

【出处】

清代金缨《格言联璧· 存养类》。

【译文】

有才能而且性情舒缓的人，将来一定能成为有用的人才；有智慧而且心性平和的人，就可称得上大智慧者。

【故事解读】

有才干性情沉稳的人，将来一定会有所作为。俗话说："大勇若怯，大智若愚。"有智慧的人都很沉稳，比较内敛。沉着稳重的性格，是从经历的一件件事情中锻炼出来的，不是心里想变得沉着稳定，就可以迅速拥有沉着稳定的品质。所以，无论做小事还是做大事都要提醒自己沉着镇定，切忌操之过急，克制过分忧心。如果一遇到问题就慌了手脚，不知从何处着手，或者为了追求速度盲目从事，不注重效果，结果很可能把事情越办越糟。人人都知道，心急吃不了热豆腐，因此，要冷静、心平气和地去考虑事情，寻求解决问题的最佳方法。有大智慧的人懂得何时当进、何时当退，所以能表现得胸有成竹。

【原典】

气忌盛，心忌满，才忌露。

【出处】

清代金缨《格言联璧·存养类》。

【译文】

脾气忌讳过于旺盛，心志忌讳过于自满，才情忌讳过于外露。

【故事解读】

与人交往要忌讳盛气凌人。盛气凌人就是逞强一时、痛苦一世。盛气凌人的人别人敬而远之，所以就没有人来归附，没有人愿意与之交往，长此以往，就会成为孤家寡人，只能孤芳自赏，孤独无助。没有利益关系的时候与人交往，依然盛气凌人，只会尝到别人的盛气凌人，“以其人之道还治其人之身”说的就是这个道理。要想得到别人的友好相待，就要学会自己先以礼待人。尊重别人就是尊重自己，同样的道理，与人友善就是于己友善。要学会收敛盛气凌人的态度，学会敞开胸怀宽以待人，不断地提高自己的涵养，完善自己的人格。

【原典】

有作用者，器宇[①]定是不凡；有智慧者，才情决然不露。

【出处】

清代金缨《格言联璧·存养类》。

【译文】

一个有作为的人，他的外表和风度一定与众不同；一个有智慧的人，他的才华和思想一定深藏不露。

【故事解读】

苏轼《贺欧阳少师致仕启》中有这样一句名言："大勇若怯，大智若愚。"真正的大智大勇未必要大肆张扬、卖弄聪明，不是徒有其表而要看实力。具有大智慧的人，看起来反倒如同糊涂人，其实不是真糊涂而是假糊涂，这就是"大智若愚"。大智若愚的人给人的印象是：宽厚敦和，平易近人，不露锋芒，甚至有点木讷和傻气。其实在"若愚"的背后，隐含的是真正的大智慧、大聪明。

有些人总爱自作聪明，生怕被人当作傻瓜，处处表现自己，处处争权夺势，其实常常是在上演一幕幕作茧自缚、引火烧身、自掘坟墓的悲剧。这些人可能会一朝得逞、一时得势，但玩的终究是小聪明、小把戏，是大愚若智。

---

① 器宇：人的仪表。

大智若愚者藏才隐德，谦虚谨慎，以弱制胜，他们用表面的愚笨来保护自己，为自己赢得发展和提高的时间和环境，并能统观全局，站在比别人更高的角度上把握事态发展的脉络。因而他们常常是任重而道远的承担者，比常人更能抓住成功的机会。

【原典】

世俗烦恼处，要耐得下。世事纷扰处，要闲得下。胸怀牵缠处，要割得下。境地浓艳处，要淡得下。意气忿怒处，要降得下。

【出处】

清代金缨《格言联璧·存养类》。

【译文】

处于世俗烦恼中，要能忍耐；处于世事纷扰中，要能清闲；处于心胸牵挂中，要能割舍；处于境地浓艳中，要能淡定；处于情绪愤怒中，要能镇定。

【故事解读】

生活中人人都有烦恼，面对烦恼要沉着冷静，想办法化解烦恼，驱赶烦恼，远离烦恼，把烦恼抛到九霄云外，学会坦然面对生活中的纷纷扰扰。面对生活，要明白舍得之理：先有舍才有得，不舍不得，小舍小得，大舍大得，舍即是得。舍是得的基础，欲得之必先予之。譬如，春天播种要舍得种子，秋天方可收获硕果。无舍尽得谓贪，人生之大害也。领悟了舍得之道，对于为人处世都有大的益处。事物究竟是什么，不在于身外的影响，关键是看我们怎样去看待它。喜可以看成忧，忧也可以看成喜。凡事拿得起，放得下，你才会发现幸福所在，犹如命运是掌握在自己的手里而不是被他人操控一样。俗话说，日出东海落西山，愁也一天，喜也一天；遇事不钻牛角尖，人也舒，心也舒坦。

【原典】

以和气迎人，则乖沴[①]灭。以正气接物，则妖氛消。以浩气临事，则疑畏释。以静气养身，则梦寐恬。

【出处】

清代金缨《格言联璧·存养类》。

【译文】

用心平气和待人，便不会有不顺心的事；用公平正直对待万事万物，便不会有不祥之气；用浩然正气处理事情，便不会有疑难恐惧的事；用恬静安然养身，便睡觉做梦也会甜美安详。

【故事解读】

恭敬可修身，平静可消躁。对人以诚相待，热情相迎，就会给人留下好的印象，得到别人的肯定、敬仰、欣赏等，成为人们乐于交往的朋友，建立深厚的友谊或合作的关系。和气迎人是一个人对待别人应具备的基本态度。所谓和气，就是态度温和、言语谦逊、关系融洽、待人宽厚，传达的是善意，表现的是友好。自古迄今，人们对“和气”倍加推崇、竭力赞美，比如，“和气生财”“和为贵”“和气好比修条路、惹人等于筑堵墙”等。和气能化干戈为玉帛，和气待人是一种智慧。对于别人的非议不理不睬，能够坦然地继续自己的事情，有此心态者，在动心忍性处必能窥见其高尚的人格和品质。

---

① 乖沴（lì）：狂暴、乖戾。

【原典】

观操存在利害时，观精力在饥疲时。观度量在喜怒时，观镇定在震惊时。

【出处】

清代金缨《格言联璧·存养类》。

【译文】

看一个人的气节操守，在其利害得失的时候；看一个人的精神气力，在其饥饿疲倦的时候；看一个人的胸怀度量，在其喜怒哀乐的时候；看一个人的沉着镇定，在其遇到惊险恐惧的时候。

【故事解读】

古人云，家贫出孝子，国乱识忠臣；国乱思良将，家贫思贤妻。家庭贫困的时候越能显示出儿孙的孝或者不孝，国家动乱的时候越能显示出臣民的忠诚或者不忠。国家动乱的时候国君才想起了忠臣良将，家庭贫困的时候丈夫才会想起贤惠的妻子。贫困的时候，儿孙自身难保，食不果腹，如果还能惦记着父母的温饱，努力侍奉父母不挨饿不受寒，难道这不是真正的孝子吗？国难当头，甚至危及社稷江山，如果有文臣武将仍旧争着当先锋勇猛地去杀敌平乱，忠心耿耿地保护濒临覆灭的王朝，难道这不是真正的忠臣吗？同样的道理，观察一个人的气节高下、精力盈亏、度量大小等，不能只在处于顺境时考察，更要在逆境中观察，这样才能比较全面地了解人的德才品性。

【原典】

大事难事看担当，逆境顺境看襟度。临喜临怒看涵养，群行群止看识见。

【出处】

清代金缨《格言联璧·存养类》。

【译文】

遇到大事与难事，可以看出一个人担负责任的能力；经历顺境和逆境，可以看出一个人胸襟气度的宽广与狭隘；遇到喜事怒事，可以看出一个人涵养的深浅；与同辈相处，可以看出一个人的学识见解。

【故事解读】

一个不知对自己的人生负有什么责任的人，甚至无法弄清他在世界上的责任是什么。有一位小姐向托尔斯泰请教，为了尽到对人类的责任，她应该做些什么。托尔斯泰听了非常反感。因此想到：人们为之受苦的巨大灾难就在于没有自己的信念，却偏要做出按照某种信念生活的样子。当然，这样的信念只能是空洞的。

更常见的情况是，许多人对责任的关系确实是完全被动的，他们之所以把一些做法视为自己的责任，不是出于自觉的选择，而是由于习惯、时尚、舆论等原因。譬如说，有的人把偶然却又长期从事的某一职业当作自己的事业，从不尝试去拥有真正适合自己本性的事业；有的人看见别人发财和挥霍，便觉得自己也有责任拼命挣钱、花钱；有的人十分看重别人，尤其是上司对自己的评价，于是谨小慎微地为这种评价而活着。由于他们不曾认真地想过自己的人生，在责任问题上也就是盲目的了。

【原典】

轻当矫之以重，浮当矫之以实，褊当矫之以宽，执当矫之以圆，傲当矫之以谦，肆当矫之以谨，奢当矫之以俭，忍当矫之以慈，贪当矫之以廉，私当矫之以公，放言①当矫之以缄默，好动当矫之以镇静，粗率当矫之以细密，躁急当矫之以和缓，怠惰当矫之以精勤，刚暴当矫之以温柔，浅露当矫之以沉潜，溪刻②当矫之以浑厚。

【出处】

清代金缨《格言联璧·存养类》。

【译文】

轻佻要用稳重矫正，浮躁要用踏实矫正，褊狭要用宽宏矫正，固执要用圆润矫正，傲慢要用谦虚矫正，放肆要用谨慎矫正，奢侈要用勤俭矫正，残忍要用慈祥矫正，贪心要用廉洁矫正，自私要用大公无私矫正，话多要用缄默矫正，好动要用镇静矫正，粗心要用细心矫正，急躁要用舒缓矫正，懈怠懒惰要用勤劳矫正，刚强暴躁要用温柔矫正，肤浅暴露要用沉着矫正，尖酸刻薄要用淳朴宽厚矫正。

【故事解读】

“静坐常思自己过”不失为一句最好的处世格言。南怀瑾说

---

① 放言：纵情谈论。

② 溪刻：言辞刻薄。

过：“要知道‘静坐常思自己过’是一种反思的功夫，也就是自我批评的本领。倘若有错且不能自省，别人是无法劝谏的，事情便会朝着更糟的方向发展。假如我们能够时常静下心来，思考一下自己做事或待人方面是否有亏缺的地方，自然就会少些对别人的抱怨与指责了，多些安宁和快乐。”

现实中很多人想有一个完美的自己，但就是找不到途径。这里，大师给我们拿出了一个完善自我的办法。可以说，反省不仅仅是完善自己的方法，更能滋生成就自己的巨大力量。一个懂得反省的人，能给自己带来巨大的改变，让你活出一个全新的自己。

贾岱威

【原创】

应信助人犹自助，由来福报有前因。

【译文】

在我们人生的大道上，肯定会遇到许许多多的困难。但我们是不是都知道，在前进的道路上，搬开别人脚下的绊脚石，有时恰恰是为自己铺路？

【故事解读】

在一场激烈的战斗中，上尉忽然发现一架敌机向阵地俯冲下来。照常理，发现敌机俯冲时要毫不犹豫地卧下。可上尉并没有立刻卧倒，他发现离他四五米远处有一个小战士还站在那儿。他顾不上多想，一个鱼跃飞身将小战士紧紧地压在了身下。此时一声巨响，飞溅起来的泥土纷纷落在他们的身上。上尉拍拍身上的尘土，回头一看，顿时惊呆了：刚才自己所处的那个位置被炸成了一个大坑。

【原典】

不患人不知，惟患学不至。

【出处】

北宋范质《诫儿侄八百字》。

【译文】

不害怕别人不知道自己，只害怕自己的学识不到家。读书不是为了追求虚名，而是为了学到真正的知识和本领。

【故事解读】

范质九岁就能写文章，十三岁开始研究《尚书》。他在朝为官时，还是手不释卷，有人觉得他这样做太辛苦，范质说："有个善于看相的人，说我以后要担任宰相。如果真的像他说的那样，我不学习，用什么本事来承担这一职务呢?"最后范质真的当上了宰相，他处理事情的能力没有一个人不佩服的。这个故事告诉我们，在学识上扎扎实实下功夫，没有做不到的事。

【原典】

忧他人之忧，乐他人之乐。

【出处】

爱因斯坦语意译。

【译文】

这是需要具有很高的自身修养才能体会到的乐趣。一种怎样宽广的胸怀，才足以容纳他人的忧和乐？这本身就是一种慈悲，一种人生的大爱！

【故事解读】

瑞典沃尔沃公司总部有两千多个停车位，总是远离办公楼的车位被先停满，天天如此。一位住在附近的汽车爱好者，以记者的身份进入沃尔沃总部对员工进行随机调查。他随机采访了20位不同岗位的员工，问："你们的泊位是固定的吗？"他们答："我们到的比较早，有时间多走点路。晚到的同事或许会迟到，需要把车停在离办公楼近的地方。"谜底揭开，这不是公司的规定，只是为其他的同事考虑。这则故事告诉我们：遇事时多为他人着想，因为当你心中只有自己的时候，也可能把麻烦留给了自己；当你心中有他人的时候，他人也就为你留出了一条宽敞的大道。

【原典】

莫言大道人难得，自是功夫不到头。

【出处】

唐代吕岩《绝句》。

【译文】

诗句的本意是讲修炼金丹。但两句话还有另一种解释：不要说最根本的人生道理和自然规律难以获得，那只不过是自己的功夫没有下足，没有下到头。同样的道理，无论读书还是做学问，只要下足了功夫，是一定有所收获的。

【故事解读】

美国第16任总统林肯做事肯下功夫，坚持不懈，演讲的成功使他成为一名雄辩的律师并最终踏入政界。由于家境贫穷，林肯只上了四个月的小学。为了学习，他到处借阅书籍，经常以苦力劳动换取书籍、报刊进行阅读。买不起本子练字，就在平整的墙面上书写。青少年时代，他为了成为一名律师，刻苦练习演讲口才，常常徒步30英里，到一个法院去看他们如何辩论。他一边倾听那些政治家、演说家慷慨激昂的演说，一边模仿他们。回来后也学他们的样子，对着树林和玉米反复地练习演讲。这则故事告诉我们，在艰难中不懈地探求知识，定将获得成功。

【原典】

但令毛羽在，何处不翻飞。

【出处】

唐代吕温《赋得失群鹤》。

【译文】

只要有羽毛和翅膀在，到什么地方都可以自由飞翔。这里的“毛羽”可以说象征人的才能智慧，“翻飞”就是才能和智慧得以施展的状态。

【故事解读】

杰西卡·考克斯是美国家喻户晓的英雄。她 25 岁如愿地拿到了轻型运动飞机的私人驾照，成为美国历史上第一个只用双脚驾驶飞机的合法飞行员，开创了飞行史的先例。她出生就没有双臂，母亲对她说：“你有一双非凡的脚，它们不只是用来奔走的，还是用来飞翔的。”此后，在父母的指导、帮助下，女孩开始有计划地锻炼自己双脚的柔韧性、灵活度和力量。怀揣梦想的她，不仅可以用双脚吃饭、穿衣等，轻松地实现了生活自理，还学会了用脚弹琴、写字、操作电脑……她用双脚做到了几乎是常人所能做到的一切。

【原典】

任君千度剥，意气自冲天。

【出处】

唐代徐仲雅《咏棕树》。

【译文】

任你一次次剥开棕皮，不改神情志气。表达不管外力如何摧残，绝不低头屈服。不畏打击，一心向上的豪迈气概，给人以极大的鼓舞。

【故事解读】

一个农民的驴子掉到枯井里，农民在井口急得团团转，想不出办法救它起来。他决定：驴子已经老了，不值得花这么大的精力去救，这口枯井早该填起来了。于是，农民把邻居都请来帮他填井。大家抓起铁锹，开始往井里填土。每一铲砸到驴子背上的土，它都做了出人意料的处理：迅速地抖落下来，然后狠狠地用脚踩紧。就这样，没过多久，驴子竟把自己升到了井口。纵身跳了出来，在场的每一个人都惊诧不已。其实，生活也是如此。各种各样的困难和挫折，会如尘土一般落到我们的头上，要想从这苦难里脱身出来，走向人生的成功与辉煌，办法只有一个，那就是：将它们统统抖落在地，重重地踩在脚下。

【原典】

勿谓寸阴短，既过难再获。

【出处】

清代朱经《责己》。

【译文】

不要说一寸的光阴太短暂而不去珍惜，一旦过去了，就再也难以获得了。说明人应珍惜时间。寸阴虽短，积累起来，可成大功。

【故事解读】

司马光是北宋政治家、史学家、文学家。他从小是个贪玩贪睡的孩子，没少受先生的责罚和同伴的嘲笑。他下定决心改掉贪睡的坏毛病，为了早早起床，他睡觉前喝下满满一肚子水，结果早上没有被憋醒，却尿了床。于是，司马光用圆木头做了一个警枕，早上一翻身，头滑落在床板上，自然惊醒，从此他天天早早地起床读书，坚持不懈。每当先生讲完课，司马光则关上门窗，聚精会神地高声朗读，读了一遍又一遍，直到自己背得滚瓜烂熟。司马光从小到老这一生，一直坚持学习，做官之后，也没有放松，而是更加刻苦地学习。终于成为一个学识渊博的、写出《资治通鉴》的大文豪。

【原典】

君子之学，贵乎慎始。

【出处】

清代刘蓉《习惯说》。

【译文】

每个人学习时，初始阶段的习惯非常重要，君子求学，贵在慎重地对待开始阶段的习惯养成。

【故事解读】

祖逖是东晋时期杰出的军事家、战斗英雄，他小时候却是个不爱读书的淘气孩子。后来，祖逖和幼时的好友刘琨一同担任司州主簿。他与刘琨感情深厚，不仅常常同床而卧，同被而眠，还有着共同的远大理想：建功立业，复兴晋国，成为国家的栋梁之材。一次，祖逖半夜听到鸡叫，认为这是上天在激励他上进，便叫醒刘琨道："咱们干脆以后听见鸡叫就起床练剑如何?"刘琨欣然同意。于是他们每天鸡叫后就起床练剑，剑光飞舞，剑声铿锵。冬去春来，寒来暑往，从不间断。功夫不负有心人，经过长期的刻苦学习和训练，他们终于成为能文能武的全才，既能写得一手好文章，又能带兵打胜仗。

【原典】

谦谦君子德，磬折欲何求。

【出处】

三国时期曹植《箜篌引·野田黄雀行》。

【译文】

君子躬身而谦逊是因为他美好的品德，并不是有任何的企求。这是做人的格局，也是做人的高度。

【故事解读】

南北朝时期的齐国，有一个叫陆晓慧的人，他才华横溢，博闻强识，为人更是恭谨亲切。一次，一个参军来拜访他，那参军是为经常和他作对的将军做事的。陆晓慧的手下都认为其中有诈，让他不去见那参军。可陆晓慧认为来者是客，应该好生接待。参军十分敬佩陆晓慧，可碍于自己的身份，他觉得无望见到陆晓慧。所以，见到陆晓慧接待他，十分激动。在离开时，参军还一直鞠躬道谢，陆晓慧更是以最高礼仪送他到门口。他的手下都说没必要这样，一个长史如此送参军会被人耻笑的。陆晓慧听了不以为然地轻松一笑，说道："他如此敬重我，我不该更加感激他吗？"

【原典】

施恩勿念，受恩莫忘。

【出处】

明末清初朱柏庐《朱子家训》。

【译文】

帮助别人不用念念不忘，接受别人的帮助却需要永记心上。帮助别人并不是为了别人有一天能回报自己，那样的帮助不是真的帮助。

【故事解读】

顾荣是西晋末年的名臣。有一次，他在洛阳应人邀请赴宴，发现端烤肉的仆人脸上显露出对烤肉渴望的神情。于是，他拿起自己的那份烤肉让仆人食用。同席的人都讥笑顾荣有失身份。顾荣淡淡一笑说："哪有成天端着烤肉而不知肉味这种道理呢！"后来，顾荣遇上战乱，过江避难，每逢遇到危急，常常有一个人出现在身边护卫自己。顾荣觉得很奇怪，便问他原因，原来他就是当年接受烤肉的人。这则故事告诉我们：应该做一个懂得感恩的人。懂得了感恩，就会发现世界的美好；懂得了感恩，就会拥有平和的心态；懂得了感恩，就会快乐地工作学习和生活。

夏亚妮

【原典】

性分不可使不足，故其取数也宜多：曰穷理，曰尽性，曰达天，曰入神，曰致广大、极高明。情欲不可使有余，故其取数也宜少：曰谨行，曰慎行，曰约己，曰清心，曰节饮食、寡嗜欲。

【出处】

清代金缨《格言联璧·存养类》。

【译文】

要充分发挥人的本性禀赋，因为人的天性良知是不可缺的，这样就会有很多可取之处，譬如穷究事理，尽其本性，明白自然规律，全神贯注，可使身心收放自如，造就宽广的胸怀和高尚的品德。人的情欲不可以太盛，所以可取之处也有许多，譬如谨慎言行，严于律己，清心寡欲，节俭衣食，减少嗜好与欲望等。

【故事解读】

人们对人生一般抱有两种心态：一些人是享受主义者，认为人活着就应该及时行乐，享受生活。有些人甚至纵情放任，一味地索取，为了自己的享乐，贪赃枉法，杀人放火，最终走向犯罪，后悔莫及。另外一些人是拼搏主义者，认为人活着就是要做一些有意义的事情，人生短暂，光阴如梭，稍纵即逝；他们会珍惜时光勤奋学习，奋力拼搏，追求自己的事业，事业的成就就能带给他们最大的乐趣。

【原典】

大其心，容天下之物；虚其心，受天下之善；平其心，论天下之事；潜其心，观天下之理；定其心，应天下之变。

【出处】

明代吕坤《呻吟语·修身》。

【译文】

心胸宽广，便会包容天下事物；拥有虚心严谨的态度，便会接受天下的真知美德；心态平和，才能谈论天下的优劣得失；潜心钻研，才能探讨天下的学说事理；坚定信念，才能应对天下的风云变幻。

【故事解读】

人生在世，既有快乐又有烦恼，要使自己幸福快乐，一定要有宽广的胸怀，要心地宽厚，沉淀烦恼痛苦，享受幸福快乐。为人处世要豁达大度，要宽厚仁慈。

佛陀常常告诫弟子们，“比丘常带三分呆”，就是要弟子们大智若愚，凡事不要太计较，即使遭到别人的非礼也要宽恕他们，因为宽恕别人也是升华自己。所以圣严法师说：“佛的宽恕，是一种净化。当我们手捧鲜花送给他人时，首先闻到花香的是我们自己；而当我们抓起泥巴想抛向他人时，首先弄脏的就是我们自己的手。”

现实中，宽恕别人并不困难，但也不容易，关键看我们如何选择。用佛陀的话说："对愤怒的人，以愤怒还牙，是一件不应该的事。对愤怒的人，不以愤怒还牙的人，将可得到两个胜利：知道他人的愤怒，而以正念镇静自己的人，不但能胜于自己，也能胜于他人。"这就是宽恕的力量。

【原典】

清明以养吾之神，湛一以养吾之虑，沉警以养吾之识，刚大以养吾之志，果断以养吾之才，凝重以养吾之气，宽裕以养吾之量，严冷以养吾之操。

【出处】

清代金缨《格言联璧·存养类》。

【译文】

以神志清楚来培植我们的神思，用心专一来培养我们的思虑，深沉警惕来培养我们的胆识，刚正大度来培养我们的志气，办事果断来培养我们的才干，端庄稳重来培养我们的气质，胸怀开阔来培养我们的抱负，严峻肃然来培养我们的节操。

【故事解读】

完善自我的工具就掌握在我们自己手中。我们所要做的就是充分地利用这些工具。一把生锈的斧头，如果我们想要使用它，就得花费更多的力气。同样，如果你拥有的机会有限，你就要花费更多的精力、付出更多的努力。一开始，进步可能会来得很慢，但是只要坚持，就能够获得胜利。

“直线是向前伸展的，感知则需要不断深入发掘。”我们可以将这句话看作塑造心智的一条规则。只要我们辛勤地付出了，那么在适当的时候就会有所收获。反之，如果没有付出相应的努力，那么我们自然无法实现心中的梦想。

【原典】

自家有好处，要掩藏几分，这是涵育以养深；别人不好处，要掩藏几分，这是浑厚以养大。

【出处】

清代金缨《格言联璧·存养类》。

【译文】

自己的优点长处，要掩藏几分，这是通过涵养化育来培养深沉的品格；别人有缺点短处，要替他遮掩几分，这是用淳朴敦厚来培养自己宏大的风度。

【故事解读】

中国有句俗语：枪打出头鸟。其意是说人出名容易被攻击。所以行事不要太声张，低调一些，以保护自己。

《菜根谭》中有这样一句名言："路径窄处，留一步与人行；滋味浓时，减三分让人尝；此是涉世一极安乐法。"这句话的意思是说，凡事要谦让，做人要低调。告诫人们在道路狭窄的地方，给他人留出一条路来，与人方便；有好东西，不要自己独吞，要懂得与他人分享。何谓低调？低调是一种人生姿态，是俯下身躯却胸怀大志的行动，是谦逊有礼却雄心万丈的气概，是退让有节却勇于进取的情怀。

但是，低调绝非与世无争，那些惧怕面对复杂社会而隐逸世外的人，我们只能说他们是消极避世，而非真正的低调。真正懂得低调的人即使暂时隐逸，也是暗中养精蓄锐，等待时机，以图获取更大的成功。

【原典】

以虚养心，以德养身，以仁养天下万物，以道养天下万世。

【出处】

清代金缨《格言联璧·存养类》。

【译文】

用谦虚清静来养护自己的心性，用品行道德来养育自己的身心，用仁爱待天下万物，用道德来教导子孙后世。

【故事解读】

谦虚是修身养性的好品质，谦虚的人肯学别人的长处，学别人友善的行为，那么日积月累，就会形成自己的高尚品德。尤其是进德修业的人，一定要学会谦虚为人，这样自己的德业才会迅速进步。

满招损，谦受益。骄傲自满是我们前进中的绊脚石，它就像有色眼镜一样，使我们看不到别人的闪光点，自以为是，止步不前。骄傲自大的人会在自己与外界之间竖起一道无形的“城墙”，使自己与外界产生隔膜，从而变得狭隘、自私、目中无人，如井底之蛙，看不到更广阔的世界。

星云大师也曾说过：“越是成熟的麦穗，头垂得越低。成熟的果实，开花可以向上，结果却都是向下。”有了成就，谦虚更该如影随形，因为具有谦虚的胸怀，才能使人永远保持正确的前进方向，才能一步一步接近胜利的巅峰。

【原典】

喜怒哀乐而曰未发，是从人心直溯道心①，要他存养；未发而曰喜怒哀乐，是从道心指出人心，要他省察。

【出处】

清代金缨《格言联璧·存养类》。

【译文】

喜怒哀乐的情绪能不表现于外，这是由人性的自然而直接追溯圣贤克己的功夫，要他学习克制人性的涵养。没有表现出人的本性却说出了喜怒哀乐之情，这是由圣贤克己的功夫指出人性的缺失，要他学会反省自己。

【故事解读】

有涵养的圣贤，喜怒哀乐不表现出来，这是一种修养，不是什么人都可以做到的。有的人能把情感的变化深藏于心底，从不轻易向外表露，这是因为他们能够控制住自己的情感。有的人喜怒哀乐皆挂在脸上，一点情感也隐藏不住，沉不住气。性情浮躁，做事难免要吃亏。所以一定要提高自己的修养，让自己变得沉着冷静。有些人没有表现出喜怒哀乐的情绪，但对于情绪的变化却用言语表达得十分贴切，这是因为他们从多变的情绪中早已悟出了感悟的丰富性，并时刻反射自问，从而使自己能更加通晓世事。

① 道心：道德之心。

【原典】

就性情上理会，则曰涵养；就念虑上提撕[1]，则曰省察；就气质上销镕，则曰克治。

【出处】

清代金缨《格言联璧·存养类》。

【译文】

对性情上的领会便是修身养性，对每一个念头提醒就是反省明察，在气质上的修炼融汇就是克制自己。

【故事解读】

个人要学会控制自己的情绪，做到凡事处之泰然，方可提高自己的涵养。任凭情感的潮流激荡、冲动，不用意志的堤坝加以控制，潮流便泛滥开来，悲剧就可能发生。

不久前，电视上报道了一则刑事案件：某男子跟邻居争论场地里一棵小树的归属问题。双方言高语低，越说越激动。男子怒从心头起，找来一把刀，将邻居一家四口全杀死了。当他被逮捕归案后，自己都闹不明白：我怎么会为了一棵树闯出这么大的祸呢？

有一句俗话说得好："看得破，忍得过。"一个人只要知"常"、把握住道的本源，就懂得做人、懂得做事。知"常"便能

---

① 提撕：提醒。

“容”，胸襟可以包容万象，盖天盖地。因为有此胸襟，智能的领域扩大，不可限量。对普通人来说，要达到此种境界，恐怕很难，但起码要学会“叫停”，让事情停留在危险的边缘。

【原典】

一动于欲，欲迷则昏；一任乎气，气偏则戾。

【出处】

清代金缨《格言联璧·存养类》。

【译文】

一旦动了欲念，被欲望所迷惑就会变得昏庸，一旦任性动气，气盛就会变得暴戾。

【故事解读】

人心不足蛇吞象，人的欲望是无止境的，不要让自己成了贪欲的牺牲品。怎么才能使自己不贪婪，这需要不断修养。性情的修养，不是为了别人，而是为自己增强生活能力。难道有人不愿意成为生活中的强者吗？过度贪婪会断送人们的前程甚至生命，所以要从小就培养人们克制贪欲的品质。远离贪欲，就会免受贪欲的害处，让自己做一个清心寡欲的人。放纵任性是没有教养的表现，脾气暴躁是一种卑劣的品质。管仲说："善气迎人，亲如弟兄；恶气迎人，害于兵戈。"所以性格暴躁就容易惹是生非，越易烦恼的人就越爱生气，内心难于平静、充满了烦躁，生活中没有快乐没有幸福，痛苦的终究是自己。

【原典】

寡欲故静，有主则虚。

【出处】

清代金缨《格言联璧·存养类》。

【译文】

欲望少因此能恬淡平和，有主见因此处世谦虚。

【故事解读】

在当下，人们越来越浮躁，似乎很难静下心来去干一件大事。而成就一番事业的往往是能静下心来的人，这也算是一个客观规律。人为的静心颇不容易，它需要一个人具有坚定的目标、坚忍的意志。或许每个人都有自己“远大的目标”，有些人缺乏持之以恒的耐性，最终一事无成。而缺乏耐力的原因就是静不下心来，禁不住来自外界的诱惑。不为外界的事物所诱惑就称为心静。心情要保持平和，为人处世要做到谦虚，就需要刻苦修炼自己的涵养。

【原典】

无欲之谓圣，寡欲之谓贤，多欲之谓凡，徇欲之谓狂。

【出处】

清代金缨《格言联璧·存养类》。

【译文】

没有欲望的人称为圣人，欲望少的人称为贤人，欲望多的人称为凡人，纵欲的人称为狂人。

【故事解读】

保持心地清净寡欲，是人们修身养性所追求的目标。佛教说人应该无欲无求，四大皆空，没有七情六欲，以得到心灵的平静。人生本来就有喜怒哀乐，修身养性是为了让自己人生的幸福快乐多一些、痛苦烦恼少一些。要使自己内心平静，必须清心寡欲。清心寡欲需要刻苦修炼。如果心上打扫不净，就无法穷通事理，易被身外之物所扰，产生过多的私心杂念，而使自己为利益所驱，不能自主行事。总之，要求人们做到清心寡欲，无欲无求，最终的目的是让人们知足常乐，拥有幸福远离痛苦。

【原典】

人之心胸，多欲则窄，寡欲则宽。人之心境，多欲则忙，寡欲则闲。人之心术，多欲则险，寡欲则平。人之心事，多欲则忧，寡欲则乐。人之心气，多欲则馁，寡欲则刚。

【出处】

清代金缨《格言联璧·存养类》。

【译文】

人的心中欲念多，心胸就会变得狭窄，欲念少，心胸就会变得宽广。人的心境欲念多，就会变得忙乱，欲念少，心境就会变得悠闲。人的内心欲念多，就会变得险恶，欲念少，内心就会变得平和。人的心事欲念多，就会变得忧愁，欲念少，内心就会变得快乐。人的心气欲念多，就会变得软弱，欲念少，内心就会变得刚强。

【故事解读】

现代人生活在节奏越来越快的年代，成就感的诱惑始终存在，有太多的诱惑，太多的欲望，也有太多的痛苦，因此我们的身心疲惫不堪。人生看不破“贪欲”二字，就会终身受到羁绊。古人就此为我们开具了一副快慰人生的良方：养拙，无妄。养拙是幸，无妄是福。所以，不妨做个痴人，看淡名利，当一个人有了这样一份淡泊的心境，人生就会多几丝温暖、几分安宁。

人性中有喜、怒、哀、惧、爱、恶、欲七情，所以生活中才会有财、色、利、贪、懒等潜伏在我们的周围，像看不见的灰尘一样无孔不入。时间长了，不去清扫，人的心上就会积上厚厚的一层，灵智被蒙蔽、善良被遮挡、纯真亦不复见。

【原典】

宜静默，宜从容，宜谨严，宜俭约，四者切己良箴。忌多欲、忌妄动，忌坐驰[①]，忌旁骛，四者切己大病。常操常存，得一恒字诀；勿忘勿助，得一渐字诀。

【出处】

清代金缨《格言联璧·存养类》。

【译文】

宜安静沉默、从容不迫、严谨及勤俭节约，这些都是激励自己的良言。忌多欲、盲目行事、心不专一，以此避免自己的缺失。在实践这些修养的过程中，能体会到“恒”字的秘诀。而在不间断的过程里，能体验出“渐”字的秘诀。

【故事解读】

安静沉默、从容不迫、谨慎严肃及勤俭节约是规谏劝诫自己的良言，也是一种优秀的品质。在喧嚣的社会中能够保持安静的心态，在快节奏的工作中保持从容不迫的品质，在生活水平提高中保持勤俭节约的美德，真的很可贵。希望人人都能过上舒适的生活，不为世俗的纷扰所困。其实过什么样的生活，都由自己选择，要使自己生活幸福，就不能随波逐流，要有坦然淡定的心态。人生本来就有喜怒哀乐、聚散离合，要好好修炼自己的涵养，追求幸福快乐，远离烦恼痛苦。

---

① 坐驰：身不动而心有旁骛。

【原典】

人性中不曾缺一物，人性上不可添一物。

【出处】

清代金缨《格言联璧·存养类》。

【译文】

人性的内涵中不能缺少一分善性，人性的需求中不能多添一分欲念。

【故事解读】

“人之为善，百善而不足；人之为不善，一不善而足。”这是杨万里的名言，意思是人做好事，做一百件也不够；人做坏事，做一件就足够了。

善行有时会获得意想不到的结果，甚至有时我们都无法察觉。英国的威廉·渥兹涯斯说过：“一个好人生命中最珍贵的那一部分，就是他微小、默默无闻、不为人知的、发自仁慈与爱的善行。”所以，当你面对他人的时候，不论在你面前的是一个不名一文的乞丐，还是一个身价百万的富豪；也不论他是个不谙世事的孩童，还是耄耋之年的老者，你都要对他们持有一颗慈善的心。给人一个微笑，帮人一个小忙……你的成功，就藏在这些善意的行动中。

【原典】

君子之心不胜其小，而气置涵盖一世；小人之心不胜其大，而志意拘守一隅。

【出处】

清代金缨《格言联璧·存养类》。

【译文】

君子心中的欲望很小，但气量宏大可以涵盖一切；小人心中的欲望很大，但因心胸狭窄拘泥一角。

【故事解读】

君子是才德出众的人。宋代王安石在《君子斋记》中说：“故天下之有德，通谓之君子。”严于律己、宽以待人是君子的品质，君子之所以气度宏大，是因为他心中的私欲杂念很少，能够宽容理解他人，宽容理解可以使人们的关系和谐。宽容是人类性情的空间，这个空间很宽广。小人与君子恰恰相反，纵容自己，苛求别人。小人心中因欲望膨胀，而心胸狭窄。为人不能过于苛刻，过于自私，否则使他走上绝路的必定是他自己；处世不可精明太甚，一心想占尽天下好事，否则孤立他的也必定是他自己。

【原典】

怒是猛虎，欲是深渊。

【出处】

清代金缨《格言联璧·存养类》。

【译文】

愤怒犹如伤人猛虎，欲望犹如无底深渊。

【故事解读】

心理学家认为：心存怨气的人会发怒，如果怒气不化解则会抑郁成疾，而长期抑郁不消就等于慢性自杀。愤怒是无助无能的表现，是心情烦躁的表现，于人于己都是有百害而无一利，经常愤怒会使人的身体受损，引发疾病，如心慌、气短、胸闷等。俗话说，怒伤肝，恐伤肾，思伤脾，忧伤肺。可见愤怒会伤害身心，所以要学会控制情绪，遏制愤怒。

愤怒是用别人的过错来惩罚自己，愤怒只会让自己失去理智，丧失冷静，愤怒的人是永远体会不到快乐的。快乐和宽容就像一对孪生姐妹，密不可分。如果丧失了宽容之心，生活就会被无休止的愤怒所充满，人将终日生活在心灵的幽暗之中。生活中少一分愤怒，就会多一分快乐。

【原典】

一念疏忽，是错起头；一念决裂，是错到底。

【出处】

清代金缨《格言联璧·存养类》。

【译文】

一念粗心大意就会导致错误的开始，一念不能善始善终就会一错到底。

【故事解读】

粗心大意常常会使自己犯错，失之毫厘，差之千里，就是因为粗心疏忽造成的。做事情一定要态度端正，一心一意，方可取得成果。如果心乱如麻，就先平静自己的心情，然后再做手里的事情。俗话说，磨刀不误砍柴工，就是告诉我们做事情不能急于求成，要注重提高工作效率。无论是高深精密的科学研究，还是平常生活中的小事，都要认真地对待，稍有疏忽就可能会影响到整个事情的进程，甚至会半途而废。做事不但要专心，而且要有恒心。如果不能战胜挫折、不能坚持到底，将永远与成功失之交臂，遗憾终生。

【原典】

古之学者，在心地上做功夫，故发之容貌，则为盛德①之符；今之学者，在容貌上做功夫，故反之于心，则为实德②之病。

【出处】

清代金缨《格言联璧·存养类》。

【译文】

古时候的学者在内心涵养上下功夫，所以从内在到容貌上都是德高望重的。现在的学者只在外表上下功夫，对于内心涵养而言便是德行的缺失。

【故事解读】

很多时候，我们总觉得将自己伪装起来才活得安全，用伪装来作为自己人生的盾牌，到头来才发现，不仅没有得到自己想要的，还丢了自己最初拥有的。那么，当初为什么就不能尊重自己的本心，做那个最真的自己？也许正是因为没有彻悟。

---

① 盛德：美德。

② 实德：实际的道德品行。

【原典】

处逆境心，须用开拓法；处顺境心，要用收敛法。

【出处】

清代金缨《格言联璧·存养类》。

【译文】

身处逆境时，就要开拓思维开动脑筋；身处顺境时，就要收敛言行约束自己。

【故事解读】

要学会正确看待人生的顺境与逆境。尤其在逆境的时候，一定要淡定，不能悲观畏惧，要乐观面对，发散思维，变不利因素为有利因素。

弘一大师说："人生中有许多不顺利的地方，对于这些我们应该把它们看作是真实受益之处。而声色名利、美食华服等在顺境中得到的东西，都应该看作是毒药毒箭等一些能置人于死地的东西。"在弘一大师看来，顺境对人来说比逆境更可怕。孟子说："生于忧患，死于安乐。"逆境能够锻炼一个人的毅力，培养人吃苦耐劳的精神，激发他们内在的潜能，从而获得成功。顺境容易使人迷惑，迷惑在安逸舒服的生活当中，从而失去斗志，安于现状，不思进取，被历史的潮流所淘汰。

徐海晏

【原典】

事属暧昧，要思回护他，著不得一点攻讦的念头；人属寒微，要思矜礼他，著不得一毫傲睨的气象。

【出处】

清代金缨《格言联璧·接物类》。

【译文】

关系到他人隐私的事情，要考虑怎样维护，不能有半点想对其攻击陷害的念头；对于贫寒卑微的人，要想到尊敬礼待他们，不能有一点傲慢无礼、骄傲自大的姿态。

【故事解读】

每个人都有不想让他人知晓的隐私，所以我们应当懂得维护他人的隐私，只要是合法的，是正当的，我们就不能随意泄露。如果想通过泄露别人的隐私陷害他人，谋取私利，必将遭到道德的惩罚甚至法律的制裁，落得搬起石头砸自己的脚的结局。对不如自己的人，不要轻视羞辱，而应以诚相待，如果用有分别的眼光看待人情世故，便会沦落为阿谀奉承、献媚奸诈之人。

【原典】

凡一事而关人终身，纵确见实闻，不可著口；凡一语而伤我长厚，虽闲谈酒谑，慎勿形言。

【出处】

清代金缨《格言联璧·接物类》。

【译文】

如果有事情关系到他人一生的荣誉，即使亲眼所见，也不能说出去；如果一句话有损于自己敦厚的品格，那么即使在喝酒闲谈的时候，也要谨慎自己的言行不说出来。

【故事解读】

有一年春天，弘一法师去无锡慧山小住。有一个在家弟子告诉他，现在的僧人大都浊俗，且又很少戒行，使人看了憎厌。他问弘一法师这种情况应该如何纠正。弘一法师严肃地告诉这个弟子，议论他人过失，实在不应该。出家的僧人，本来就参差不齐，我们不了解他们的真实情况，不要轻易地指责别人。

事后，弘一法师用“推直干人，引曲向己；常省己过，不讼彼短”警示世人。后来，弘一法师一直严格遵守这一警训，绝不轻易议论他人是非。

舌头既可以说出最美的语言，也可以颠倒是非。所以，要管好自己的舌头，不要对别人说长论短，不要轻易发表议论。因为一旦出言不慎，就会给自己带来无尽的祸患。晋朝的功臣卫瓘就是因为一句不适当的议论得罪了贾南风，给自己招来杀身之祸。

【原典】

待己当从无过中求有过，非独进德，亦且免患；待人当于有过中求无过，非但存厚，亦且解怨。

【出处】

清代金缨《格言联璧·接物类》。

【译文】

对待自己应当在没有缺点的时候寻找缺陷，不仅能够修身养德，还可以避免祸患；对待他人应当从对方的缺点中找到优点，这不只是厚道，还能够消解恩怨。

【故事解读】

自己不犯错误，并不代表自己没有缺点，所以要时时反省，以追求卓越，逐渐完善自己。修养德行，不能只是为了赢得他人的赞誉与尊重，更重要的是让自己生活得潇洒快乐。对待他人不能只是盯住缺点，这样往往会犯以点概面的错误，产生偏见与误解。对待他人更不能吹毛求疵。只有严于律己，宽以待人，全方位审视，才能客观公正地评价他人，才能拥有和谐的人际关系。

【原典】

事后而议人得失，吹毛索垢，不肯丝毫放宽，试思已当其局，未必能效彼万一；旁观而论人短长，抉隐摘微[1]，不留些须余地，试思己受其毁，未必能安意顺承。

【出处】

清代金缨《格言联璧·接物类》。

【译文】

事后再去议论他人的得失，吹毛求疵，寻找差错，不肯放过丝毫，试想自己如果是对方，可能连对方的万分之一都做不到。在一旁评论他人的短处长处，对他人的隐私寻根问底，不留一点余地，试想自己如果受了这样的诋毁，又能甘心忍受吗？

【故事解读】

想要议论别人的时候先想想自己做得怎么样，想要了解别人先要了解自己。有些人很喜欢把别人的事情当作谈论的话题，对别人说三道四、指手画脚，却从来不想想自己做得怎么样。只有把心思都放在反思自身的缺点和不足上，并且努力想办法提高自己才是当务之急。

自然界的一切事物都是良莠不齐的，有参天大树也有叶下小

---

① 抉隐摘微：挑出隐秘的、选取细微的。这里形容故意挑剔毛病、寻找差错。

草，有汪洋大海也有涓涓细流。尺有所短，寸有所长，毋形人短，不持己长，不要盲目听信某一方面的言辞而被那些奸邪的小人所欺骗，也不要自以为绝对正确而被一时的意气所驱使；不要用自己的长处来比较人家的短处，不要因为自己的笨拙而嫉妒人家的才能。

【原典】

遇事只一味镇定从容，虽纷若乱丝，终当就绪；待人无半毫矫伪欺诈，纵狡如山鬼，亦自献诚。

【出处】

清代金缨《格言联璧·接物类》。

【译文】

遇到事情能够始终保持镇定自如，就算事乱如麻，最终也能分清头绪；待人没有丝毫的矫揉造作、虚情假意，即使狡猾如同山鬼的人，也会对我们以诚相待。

【故事解读】

俗话说，大事化小，小事化了。不管多庞大多复杂的事情，都遵循这个原则去解决，一定会迎刃而解。遇到事情一定要把握好心态，从容不迫，不管多么繁杂困难的事情都能应对自如，即使琐事缠身，也能来去自由；就算事理玄机深奥，也能通晓其中缘由。待人接物真心实意，对权贵不卑躬屈膝、阿谀奉承，对百姓不趾高气扬、骄傲自大，这样的人必能得到世人的尊重，即使鬼神恐怕也要对其礼让三分。

【原典】

人好刚，我以柔胜之。人用术，我以诚感之。人使气，我以理屈之。

【出处】

清代金缨《格言联璧·接物类》。

【译文】

别人性格刚强，我们就用温柔战胜他。别人使用诡计，我们就用诚心感化他。别人愤怒，我们就用道理说服他。

【故事解读】

人在愤怒的时候就会握紧拳头，以待随时出击，保护自己，但是拳头放开后却可以拥抱四周。常言道，强闯少不了逆流，少不了苦头，但柔弱似水的人却可以载舟。针对性格不同的人就应采取不同的对策，刚强之人如果以柔弱待之，倒有可能战胜对手。他人如果处在愤怒的气头上，最好用道理来开导他，一味地责备批评只会使其处境更尴尬，无异于火上浇油。

【原典】

柔能制刚，遇赤子[1]而贲，育[2]失其勇；讷能屈辩，逢喑者而仪，秦[3]拙于词。

【出处】

清代金缨《格言联璧·接物类》。

【译文】

柔能克刚，即使像古代孟贲、夏育那样的大力士，在遇到小孩子时，勇力也会失去发挥之地。木讷可以制服能言善辩的谋士，遇到木讷、沉默之人，即使像苏秦、张仪这样的游说名家也无济于事、无计可施。

【故事解读】

每个人都有自身的优点，也有自身的不足。历史上不乏以少胜多、以弱胜强的例子。比如，巨鹿之战、官渡之战和赤壁之战等。现实生活中柔弱之人如想取胜，只可智取，不可强攻。面对强敌，明知势单力孤，还硬着头皮出战，结果必败无疑。如能以哀兵的姿态迎战，或是以弱小麻痹敌人，倒有可能创造出取胜的战机。说话要看对象，如果对方是个无知之人，我们还要表现自己的伶牙俐齿，让其听了不知所云，这无异于对牛弹琴。

---

① 赤子：指婴儿。

② 贲、育：指孟贲、夏育。战国时期著名的勇士。传说孟贲力大能生拔牛角，夏育能力举千钧。

③ 仪、秦：指张仪、苏秦。战国时期著名的纵横家。

【原典】

以耐事了天下之多事，以无心息天下之争心。

【出处】

清代金缨《格言联璧·接物类》。

【译文】

用忍耐之心了解天下的烦琐事，用淡泊之心平息天下的勾心斗角。

【故事解读】

忍是一种包容，忍不但是一种外在的涵养和品德，更多的时候能带给我们宁静与祥和。家庭成员之间如果能相互忍让，相互包容，便可家庭和睦，生活幸福。朋友同事间如能相互忍让，互相包容，便可多交一些志同道合的朋友，少一些不必要的争端和伤害。拥有一颗淡泊之心，不过分计较成败得失，不被荣华富贵迷失本性，就能使生活逍遥自在，身心恬静自然。

【原典】

何以息谤？曰无辩。何以止怨？曰不争。

【出处】

清代金缨《格言联璧·接物类》。

【译文】

用什么才能平息诽谤呢？保持沉默。用什么才能停止怨恨呢？不去争辩解释。

【故事解读】

生活既丰富多彩，又复杂多变，因此生活中有快乐也有烦恼。诽谤与诬陷之词都是小人凭空捏造的，这些虚假的言行总有水落石出、真相大白的时候。有些人面对诽谤则是极力地辩解，总想及时澄清自己，事情往往越描越黑，结果倒使更多的人对诽谤之词信以为真，把合理的争辩当成狡辩。聪明人则是保持沉默，沉默是金，因为他明白实情不会被歪曲，过多的辩解在流言蜚语蔓延时起不了作用，与其徒劳地辩解，不如静待真相大白。

【原典】

是非窝里，人用口，我用耳；热闹场中，人向前，我落后。

【出处】

清代金缨《格言联璧·接物类》。

【译文】

在是非争论的窝里，别人用嘴说，我就用耳朵听；在热闹的场所中，别人争着前进，我却向后退一步。

【故事解读】

“观棋不语真君子”，回味其中的道理，能使人茅塞顿开。虽然不语，但眼睛看到了胜负的局势，虽然不开口，但从所听到的是非争论中知晓了谁对谁错。一言不发，就能看透世事中蕴含的道理，这才是真正有智慧的人。为人处世也要学会经常站到局外看事情，这样就会看得更全面，看得更清楚。

【原典】

能容小人，是大人；能培薄德，是厚德。

【出处】

清代金缨《格言联璧·接物类》。

【译文】

能宽容小人的人，才是胸怀宽大的人；能培养微小德行的人，才是厚德之人。

【故事解读】

自古就有鸡肠小肚之人和大度包容之人，这是两种截然相反的人。世人都向往大度能容人的人，但是往往都变成了鸡肠小肚之人，不是人们不愿意成为大度的人，而是成为大度之人，需要有牺牲精神。常言道，路遥知马力，日久见人心。观察一个人的胸怀是大是小，关键要看他是否有容人之量，对亲朋好友的容忍可谓人之常情，不能凭此便认为其胸怀宽广。如果能够容下小人，甚至是自己的仇敌，才称得上是真正的胸怀宽广。

【原典】

我不识何等为君子，但看每事肯吃亏的便是；我不识何等为小人，但看每事好便宜的便是。

【出处】

清代金缨《格言联壁·接物类》。

【译文】

我不知道什么样的人是君子，但看到每件事都肯吃亏的人就是君子；我不知道什么样的人是小人，但看到事事好占便宜的人就是小人。

【故事解读】

从古至今教育子孙后代做好人，只有简单的十四个字：君子落得为君子，小人枉费为小人。不管是富贵，还是贫贱，都要自强自立，自尊自爱。做君子的天生不比别人多什么，小人也不少什么，但二者成就的名望与事业却相去甚远，归根结底还是自己一手造成的。小人一心想着谋取利益，不愿吃亏，于名声事业不顾，君子即使忍受屈辱也要顾全节义，两者的区别自然泾渭分明。

【原典】

以仁义存心，以勤俭作家，以忍让接物。

【出处】

清代金缨《格言联璧·接物类》。

【译文】

以仁义居心，以勤劳节俭持家，以忍让待人接物。

【故事解读】

用仁义道德为做人标准，以勤俭节约为立家之道，以忍让为待人接物的风格。古人提倡这样做，自有它的道理。俗话说，终身让路，不失尺寸，说明忍让是德行的根本。自古以来，无数事例证明，忍让可以消除无穷的祸患，还没有听说因忍让而招来无穷灾祸的。如果想要行忍让之道，首先要从生活中点滴的小事做起，培养自己坚忍的品质。每当想到天下大事时，能够受得小气，受得小气就可以免受大气；能够吃得小亏，就不至于吃大亏。如果总想着占人便宜，必会用尽心计，与他人产生争端，因为便宜是天下人共同追逐的。如果有人想据为己有，就会招致怨恨和祸害，只有放弃，才会消除众怨。

【原典】

穷寇不可追也，遁辞不可攻也，贫民不可威也。

【出处】

清代金缨《格言联璧·接物类》。

【译文】

穷途末路的敌人不可追赶，隐约含糊的话不可穷究，在贫穷的人面前不能作威作福。

【故事解读】

常言道，狗急跳墙，兔急咬人。这句俗语的意思是劝诫人尽量不要做赶尽杀绝的事情。对无路可走的敌人要放其一条生路，求生是人的本能，如果欺人太甚、逼之过急，处于死亡线上的人为了生存会爆发出惊人的能力，这种能力常人难以想象，无法抵抗，甚至可能反客为主、反败为胜。同样的道理，说话故意含混其词，证明背后定有隐情，不愿向他人提及，如果再三追问，刨根究底，必会招致厌恶之情。

【原典】

祸莫大于不仇人，而有仇人之辞色；耻莫大于不恩人，而诈恩人之状态。

【出处】

清代金缨《格言联璧·接物类》。

【译文】

最大的祸患是与他人无仇，表面却是一副仇人似的言辞面色；最大的耻辱是不曾有恩于人，却做出一副恩人似的姿态。

【故事解读】

与人相处，以和为贵。一个人和蔼可亲，才能广结善缘，使人愿意亲近。一个爱甩脸色的人，就会孤立无援，使人敬而远之。本来没有仇敌，但整天带着一副报仇雪恨的样子，必会使人心生恐惧，不敢接近，如果真到了这种地步，那天下人好像都成了自己的敌人。从来没有施恩于人，但每天都摆出一副行善积德的姿态，好像全天下的人都欠自己似的，这必会引起他人的厌恶之情。

【原典】

善用威者不轻怒，善用恩者不妄施。

【出处】

清代金缨《格言联璧·接物类》。

【译文】

善于使用威严的人不会轻易动怒，善于使用恩惠的人不会胡乱施恩。

【故事解读】

恩、威是治世的两大基本手段。一个有威望的领导，往往会采取“恩威并重”的方式来管理员工。现实生活中，从上到下，离此二字皆会一事无成。如果运用不当，威严招来的将是怨恨，恩惠也不可能得到他人的感激。而恩惠如果被对方认为是理所当然之事，一旦停止施恩，还会遭到抱怨，到时必会后悔不已。多数人只知道过于威严带来的弊端，却没有看到过于施恩也会带来危害。乱施恩惠，如果不加节制，很可能会使受恩者得寸进尺，未得到的则愤愤不平。总之，施恩不要一次给得太多，对方吃得过饱，下次你还拿什么满足他呢？

【原典】

宽厚者，毋使人有所恃；精明者，不使人无所容。

【出处】

清代金缨《格言联璧·接物类》。

【译文】

宽厚的人，不使他人有所依恃；精明的人，不使他人无地自容。

【故事解读】

宽恕敦厚的人，心地善良，乐于助人，但不能使他人因此有所依恃；精明的人，不要完全不给人留情面。对待不同的人要用不同的方法，如果对顺从的人过于苛刻威严，自己根本不会得到真正的权威，那只是强迫威逼，别人不会心服口服。人都是有尊严的，教导批评别人一定要注意方法，绝不能有意伤害别人的自尊。如果批评他人毫不留情，甚至伤害到他人的自尊，这无异于把人逼上绝路，不但达不到批评的效果，而且会遭到怨恨。

【原典】

事有知其当变，而不得不因者，善救之而已矣；人有知其当退，而不得不用者，善驭之而已矣。

【出处】

清代金缨《格言联璧·接物类》。

【译文】

预料到事情有变化，但不得不顺其自然，善于及时补救就行了；知道有些人应该离开，但不得不用他，善于驾驭他就可以了。

【故事解读】

深谋远虑的人，往往能预料到未来的形势变化。可以预测未来可能出现的不利局面，事先做好应对的策略，当事情发生时，就会沉着冷静，从容应对，并可以补救。刘备三顾茅庐，赵匡胤雪夜访赵普，都证明这些人善于用人，对于那些隐居山林的贤人志士，他们都能想办法请其出山效力，由此可知他们驾驭人才的能力。

【原典】

施在我有余之惠，则可以广德；留在人不尽之情，则可以全交。

【出处】

清代金缨《格言联璧·接物类》。

【译文】

将我所有的恩惠施于需要帮助的人，那么可以发扬我的德业；将人情留给朋友，那么朋友之间的交情能够天长地久。

【故事解读】

积德行善是一种美德，不仅可以广结善缘，而且能教导子孙后代。施恩于人，是行善积德的最好行动。施恩要出于真心实意，不能带有个人功利目的；施恩也不能为了炫耀自己而贬低他人，更不能把施恩变成施舍或侮辱。如果对别人吹毛求疵，不讲情面，很难广泛地结交朋友。

【原典】

古人爱人之意多，故人易于改过，而视我也常亲，我之教益易行；今人恶人之意多，故人甘于自弃，而视我也常仇，我之言必不入。

【出处】

清代金缨《格言联璧·接物类》。

【译文】

古人教导他人多发自爱意，因此他人易于改过自新，和我的关系也亲近，所以教导易于推行；现在的人教导他人多出自恶意，所以使人甘心自暴自弃，仇视教诲之人，则教育之言必不会被接受。

【故事解读】

宣扬教化，规劝他人，不能只是暴露社会和他人的弊端，必须善于赞美他人的长处，才能打开进言的通道。当人高兴的时候，可视为进言的好时机，但是别人发怒的时候就难以听进我们的劝说。可见，言辞要随时随事而发，切忌不分场合、时间、地点。

徐瑛

【原创】

诚或有疏忽，贵在于补救，无碍名誉。

【译文】

讲诚信的人有时候也难免疏忽，难得的是一旦发觉了就会去弥补，这并不会影响他的声誉。

【故事解读】

我老师的父亲祖籍山东滕县，20 世纪 70 年代在江苏徐州某汽车运输公司工作。有一次他与同事出差经过一个叫山亭的地方，时值中午，那里的羊肉汤非常有名。一行数人饱餐过后赞不绝口，然后登车绝尘而去，行驶好远后才想起来没付饭钱。老爷子说回程一定把这钱还了，没想到因为任务变化回来没走那条路。

过了半年多，老爷子又路过山亭，特意去那家羊肉汤馆还钱，到地方才知道饭店因故转让了。老爷子向现老板叙说了前事，拜托他把钱还给原来那人，并请代为致歉。许多人听到这个故事后忍不住问，那要是现在的老板昧下了不还怎么办，反正别人又不知道？老爷子说，只要我把钱还了，这辈子心里就放下了包袱，上天也会知道。从这以后，大家对老爷子更加敬重，他也活到了93岁高龄才驾鹤西归。

这个故事告诉我们，若无意间有了过失，发现后终将弥补，也会成为别人口中的佳话。

高寒

【原典】

明白做人，适中处事。

【出处】

左名涛语。

【译文】

明白人知对错、知好坏、知轻重、知缓急、知该不该为。明白人目标明确，条理清晰；适中是以适合的方法、在最恰当的时间、用最合适的人、去做最需要的事。既非太过，也非不及，万事恰到好处，即可达到双赢的结果。

【故事解读】

《太平广记》记载，郭子仪和李光弼都是唐朝时的大将。两人因为平日误会，积怨很深。后来安禄山造反，皇帝命令郭子仪做朔方（今宁夏一带）节度使，李光弼成为他的部下。

李光弼怕郭子仪公报私仇，而借故杀他，哪知郭子仪却向皇帝极力举荐他。李光弼被任命为河东节度使，郭子仪还将自己部下的一万精兵分给了他。

谁知郭子仪此举，让李光弼产生了更大的误会，他以为郭子仪这次是不会放过他了，找到郭子仪说：“今后不管怎么处置我，我都不抱怨，只图不连累妻小。”

郭子仪听后，很是诧异，对李光弼说：“国家危难时刻，我们要识大局，同心协力，不能因个人的好恶，斤斤计较。”

此后，将帅一心，立下赫赫战功，达到双赢的效果。

【原典】

承诺大于命，诚信大于天。

【出处】

著名剧作家、国家一级编剧王俭作品《我的父亲是板凳》中的一句台词。

【译文】

承诺是指对某项事务答应后就要照办，按预先约定而恪守，毫无半点差错，并用生命信守；诚信的基本含义是守诺、践约、无欺。几千年来，“一诺千金”“一言既出，驷马难追”的佳话广为流传。守诺与诚信是公民道德的基本规范，更是中华民族的传统美德。

【故事解读】

秦朝末年，楚地有一个叫季布的人，性情耿直，为人侠义好助。只要是他答应过的事情，无论多大困难，都设法办到，受到大家的赞扬。于是楚地流行谚语“得黄金百斤，不如得季布一诺”。有章必循，有诺必践，孔子言“人而无信，不知其可也”，就是讲人一旦失去了信用或不讲信用，不知道他还可以做什么。《墨子·修身》中也有“言不信者，行不果”。言语不诚实的人，做事就不会有好结果。

【原典】

发上等愿，结中等缘，享下等福，择高处立，寻平处住，向宽处行。

【出处】

清代儒将左宗棠题于江苏无锡梅园的诗句。

【译文】

“发上等愿，结中等缘，享下等福”，是指人要有超凡的梦想，事事不求绝对圆满、完美，保持自律，严格要求自己，不迷失在物质生活中。“择高处立，寻平处坐，向宽处行”，是指高瞻远瞩地看事务、想问题，戒骄戒躁，沉着、稳重、从容处事，待人待事，给自己和对方留有余地，不做极端之事。

【故事解读】

这也是一副格言式对联，短短二十四字，浓缩了我国古贤中庸而极高明的人生哲理，自清代以来，被文人墨客和商界人士赏识。梅园的创建者荣德生先生将此联作为座右铭及荣氏家训，镌刻悬挂于无锡梅园诵豳堂；香港李嘉诚办公室里也悬挂这副对联，时刻警醒并在生活中严格要求自己。居上而思下，立高而寻宽，无论在多么错综复杂的矛盾面前，皆处变不惊，遇险不乱，开创并守住一番事业，进退自如。

郭庆刚

【原典】

平安是幸，知足是福，清心是禄，寡欲是寿。

【出处】

明代佚名《增广贤文》。

【译文】

平安是健康，是快乐。平安是无灾无难。有了幸福生活才会美好。人要的是一生平安。知足是适可而止，故而满足。若进而追之，定招灾祸。知足可避免灾祸保身。禄是人们根据自身的渴求，对物质精神和健康的综合追求。清心是禄。一个人的快乐不是因他拥有的多，而是因为计较得少。清贫乐道自在，无牵无挂逍遥。寡欲为养生之道，清心寡欲才能健康长寿。

【故事解读】

人的生命是脆弱的。平安既是自己的幸福，也是家人和朋友的幸福。知足者常乐，安贫乐道的人往往是最快乐的人。生活中总有难以达到的愿望，如果执着于此，那么烦扰就永不离去。苏轼说“人间有味是清欢”，时刻保持着心灵的纯洁是十分重要的。欲望不是坏东西，人人都有。不过欲望过多并不好，纵欲之人往往没有好下场。君子会控制自己的欲望，凡事都有度。

我们生活在一个平安幸福的时代，没有饥饿，没有寒冷。生命没有贵贱之分，幸福与否要看我们如何珍惜生命，生在福中要感知福，没有什么私心杂念和不良行为是不可纠正的。要大力强调为人民服务，做一个高尚的人，一个有道德的人，一个脱离低级趣味的人，一个纯粹的人，一个有益于人民的人。

【原典】

受恩深处宜先退，得意浓时便可休。

【出处】

明代佚名《增广贤文》。

【译文】

这句话的意思是：人在受宠爱的时候应该考虑功成身退，受人恩惠时宜先推让退避，与人交往情感浓时就应该停止。即使人与人之间恩情再深厚，也要保持一定距离。即使是恩爱夫妻，若不节制，也有爱老情衰的一天。

【故事解读】

第一句说功劳再大的人应该做到在合适的时候退下来，第二句说被宠爱的人应该有个度。这大概是中国古代的一个现实。每个人应该给自己留一点余地。居安思危，凡是被宠过分的人都没有好下场。一个退一个休都是叫停下来的意思。

汉高祖刘邦苦劝张良继续为官，张良不从，辞驾出朝。高祖曰："众文武百官，寡人苦劝张良不听。"遂令百官往张良府，劝他回心转意："留侯，君主留你不要入山修行，在家出家，每朝随伴君主，道粮衣服钱米，每月供奉，不是很好吗？"张良不答应，并赋诗一首："游遍江湖数百州，人心不似水长流。受恩深处宜先退，得意浓时便可休。莫待是非来灌耳，从前恩爱反为仇。不是微臣归山早，服侍君王不到头。"

【原典】

心量狭小，则多烦恼，心量广大，智慧丰饶。

【出处】

明代佚名《增广贤文》。

【译文】

人的心量小，与人斤斤计较就会烦恼多；心量大，与人有摩擦也有包容，不放在心上。因为心里安定，定能生出智慧。

【故事解读】

如果一个人的内心经常有抱怨、憎恨、牢骚、厌恶、歧视、烦恼这类情绪，心量必不够广大，格局也不一定大。所谓心量广大，就是能包容一切，不可歧视、偏见、排斥，对一切事物不要妄自菲薄，这才是大。正如：“海纳百川，有容乃大；壁立万仞，无欲则刚。”

这个世界上的任何事情都是相互的。你容不下、不接纳别人，别人怎么能容纳得下你？不合群的人，多半是无福之人。佛教传入我国后，虽经无数打击和考验却逐渐壮大，就是佛教的宗旨与中国文化的主线暗合。“穷则独善其身，达则兼容天下”，这是中国人不懈的理想抱负和精神追求，经世济民，经纶天下。佛教则是广大之心，度一切众生。这正是两种文化的异曲同工之处。任何一种文化的壮大，都有赖于其生长的土壤。佛教的思想如果没有与中国人文相契合，恐怕不可能发展起来。心量广大，智慧丰饶，才能普润群生。

【原典】

未必钱多乐便多，财多累已招烦恼。清贫乐道真自在，无牵无挂乐逍遥。

【出处】

来自网络。

【译文】

不是钱多了快乐就会多，钱财多了只会给自己招来更多的烦恼。简单朴素的生活会更自然些，没有牵挂也非常快乐。

【故事解读】

这句话告诫大家不要一味地追求钱财。心态是最重要的，放宽自己的心态，注意培养自己的修养，会让你生活得更加快乐。

人生在世要知道自己的追求为何，放飞梦想，努力拼搏。并没有什么事情做到与做不到，而是你想做不想做。金钱不是万能的，没有钱生活很贫困，但钱多了困扰也就多了，烦恼也增加了。一个人的快乐，不是因他拥有的多，而是因为他计较的少。其实钱多多益善，每个人都尝到了有钱的甜头。多数人尝到了没钱或少钱的痛苦和困难。但仔细想一想，有人因为财富过多反将自己害惨了甚至毁了。这些人还有什么快乐可言？相反，乞丐有可能因获得一时的满足而产生非常兴奋的情绪。有的人一旦有了钱，人心就变了，变得目中无人，变得生活奢靡。贪污、淫邪、腐败代替了勤俭节约。

一个人的快乐从多方面获得。只要心里有阳光，阴郁就会被驱散，烦恼就会被赶跑，伤痛就会被抚平。欲求无限的人永远有烦恼。

程庆奎

【原典】

欲做精金美玉的人品，定从烈火中锻来；思立揭地掀天的事功，须向薄冰上履过。

【出处】

明代洪应明《菜根谭》。

【译文】

想要修得精金美玉般的人品，一定要从烈火中锻造得来；想要成就惊天动地的伟业，一定要如履薄冰般地行事。

【故事解读】

个人要想铸就金子般的完美性情，就要经得起烈火的考验，正所谓真金不怕火炼，经过烈火考验之后，才能证明我们的品德是高尚还是低俗。同样的道理，想要成就一番事业，只有志向却不努力行动，这无异于空中楼阁永远不能实现，只有付诸行动，脚踏实地去做，理想才会变成现实。

【原典】

人以品为重，若有一点卑污之心，便非顶天立地汉子；品以行为主，若有一件愧怍之事，即非泰山北斗品格。

【出处】

清代金缨《格言联璧·敦品类》。

【译文】

人要以品行为重，倘若有一点卑贱污秽的念头，便不能称为顶天立地的男子汉大丈夫。品德要以行为为主，倘若有一件惭愧的事情，就不能铸就泰山北斗般的高尚品德。

【故事解读】

没有灵魂的头脑，没有德行的知识，没有仁善的聪明，固然是一种力量，但它们是只能起坏作用的力量。他们或许能给我们一些启发，或者也带给我们一些趣味，但是你很难尊敬他们，就好比我们对待扒手的敏捷或拦路强盗的马术一样。

诚实、正直和善良，虽然不是命运攸关的东西，但却是一个人品的本质所在。这种品质一旦和坚定的目标结合起来，人就有了无比强大的力量，就有力量做善事，有力量抵制邪恶，有力量战胜各种困难。为人处世要做到严于律己，重视修炼自己的品德，做事情要养成小心谨慎、考虑周到的习惯，待人要养成谦虚恭敬、平易近人的美德。要摒弃鲁莽草率、骄傲自大的坏习惯。人生如棋，一着不慎，满盘皆输。人生中有许多事常常因为一个微不足道的细节或是小的疏漏，就破坏了事情的整个进程。人到晚年，或是马上就要离开官场了，本以为可以成就一世功名，没想到会因一时的私心糊涂而以权谋私，从而使一生的名誉毁于一旦，难道不可惜？

【原典】

丈夫之高华，只在于功名气节；鄙夫之炫耀，但求诸服饰起居。

【出处】

清代金缨《格言联璧·敦品类》。

【译文】

有志之士孜孜以求的是不朽的功绩声誉、高尚的品行节操；见识浅薄的人炫耀自夸，表现的只是衣食住行的华丽。

【故事解读】

大千世界，无奇不有，与人攀比，就会失去自我。庸人经常与人攀比，尤其爱拿自己的弱处与他人的长处比较，所以总是很失落很痛苦。有的人为此不择手段，追求那些浮华的东西来与人攀比。俗话说得好，人比人得亡，货比货得扔。但比较又分高尚的比与庸俗的比，圣贤君子与人比的是品德才华，他们通过比较来取人之长，补己之短。庸俗小人比的是华美的衣食住所和钱财名利，虽然让人的外在感官得到享受，但因内在的无知和品德低下，最终也只能是碌碌无为。

【原典】

立朝不是好舍人[1]，自居家不是好处士；平素不是好处士[2]，由小时不是好学生。

【出处】

清代金缨《格言联璧·敦品类》。

【译文】

身处朝廷中不能做个公正廉洁的官员，在乡里也不会是个好相处的人；平常生活中不是好德行的人，小时候必定不会是个好学生。

【故事解读】

想要了解一个人的品行，可以从多方面入手。了解一个人可由小到大，也可由粗到细。比如，一个人在朝中不能廉政做官，不能忠心耿耿侍奉君王，而是仗势凌人，鱼肉百姓，假公济私，这样的人在乡里一定不会拥有什么好名声。因为他的品德决定他的所作所为，他的所作所为反映了他的品德。才能学问是道德修养的基础，如果一个人在日常生活中肆意妄为，危害社会，就可推断此人小时候绝不会是个遵守纪律的好学生。

---

① 舍人：古代官职名。

② 处士：未仕或不仕的读书人。

【原典】

贫贱时，眼中不著富贵，他日得志必不骄；富贵时，意中不忘贫贱，一旦退休必不怨。

【出处】

清代申涵光《荆园小语》。

【译文】

贫穷卑贱的时候不把荣华富贵放在眼里，将来得志后必定不会骄傲自大；荣华富贵的时候心中不忘贫贱时的遭遇，有朝一日退休后必定没有怨言。

【故事解读】

人往高处走，水往低处流。人人都向往富贵平安，但是人们追求的方法不一样。有些人，身处贫困中，虽然渴望高官富贵，但他们并不会为了过上幸福的生活而向他人摇尾乞怜，阿谀奉承，丢掉自己的尊严。如果有朝一日这样的人拥有了荣华富贵，一定不会忘记曾经所遭受的苦难，对有恩于自己的人，必会以博爱的胸怀与他们分享富贵，想法报答。有朝一日富贵不在，他们也不会怨天尤人，因为在他们心中荣华富贵犹如过眼云烟。

【原典】

小人专望人恩，受过辄忘。君子不轻受人恩，受则必报。

【出处】

清代金缨《格言联璧·敦品类》。

【译文】

小人一心希望得到他人的施舍恩惠，得到后便忘得一干二净。君子不轻易接受他人的恩泽，如果接受必定想法报答。

【故事解读】

小人自私贪婪，有着唯利是图、贪得无厌的本性，对于他人的恩惠，不惜卑躬屈膝、耍阴谋手段，想极力据为己有。因为他们的目的只是追求个人私利，一旦满足自己的需要后便会过河拆桥，卸磨杀驴，把有恩于自己的人忘得干干净净。君子则正好相反，对于他人的恩惠一般不轻易接受，因为他们明白受人之恩当以涌泉相报的道理，受他人之恩就等于欠下了一份人情，如不报答便会寝食难安，所以接受了他人的恩惠，一定会想方设法地去报答，这样才会心安。

【原典】

处众以和，贵有强毅不可夺之力；持己以正，贵有圆通不固拘之权。

【出处】

清代金缨《格言联璧·敦品类》。

【译文】

与众人相处要以和为贵，贵在有坚定不移的意志力；对待自己要公正严谨，贵在有灵活处事变通不顽固的能力。

【故事解读】

生活中、工作中难免与人打交道，与人打交道，要以和为贵，只有彼此友好相待，才会建立起和谐的关系，才会有利于彼此的生活和工作。身处世俗而不流于时弊，洁身自好而不被外物所扰，这都是君子刚毅性情的表现。处事最忌墨守成规，生搬硬套，如果不懂变通掌握，灵活运用解决问题的方法，就会被传统束缚手脚，裹足不前，难有创新意识和卓越成就。

【原典】

媚若九尾狐，巧如百舌鸟，哀哉羞此七尺之躯；暴同三足虎，毒比两头蛇，惜乎坏尔方寸之地。

【出处】

清代金缨《格言联璧·敦品类》。

【译文】

谄媚如同九尾狐，花言巧语如同百舌鸟，可悲呀！这样简直侮辱七尺之躯。残暴如同凶猛的三足虎，狠毒如同两头蛇，可惜呀！人们的良心变坏了。

【故事解读】

九尾狐，古代东亚神话传说中的奇兽。古典传说中，九尾狐乃四脚怪兽，通体上下长有火红色的绒毛；善变化、蛊惑；性喜吃人，常用其婴儿一般的哭泣声引人来探。九尾狐出，乃世间将有大乱之象。三足虎，有三足虎毒似两头蛇的说法，是传说里的形象。两头蛇系大恶之物。

对一个身处领导层的人来说，最大的危险之一就是他的属下都是一些唯命是从的庸人。精明的领导人知道，周围需要有一批敢于发表不同意见的人。作为领导必须保持清醒的头脑，善于洞察那些卑躬屈膝，阿谀奉承的人。要明白哪些人是在为自己真心实意地出谋划策，哪些人是在为个人利益而围着自己溜须拍马。如果善恶不辨、是非不分的话，必会因听信谗言而做出错误的决定。

【原典】

富儿因求宦倾赀，污吏以黩货失职。

【出处】

清代金缨《格言联璧·敦品类》。

【译文】

官宦富商子弟常常因为谋求官位而倾家荡产，贪官污吏常常因为以公谋私失职而身败名裂。

【故事解读】

自古以来，官场倾轧是不言自明的事实，但也不乏“先天下之忧而忧，后天下之乐而乐”以及清正廉洁、为民请命的官员。身为高官，就应怀着匡济天下、忠心为国的抱负，投身到他所认定的事业中去。

刚刚做官的人，经济基础微薄，收入也少，有些人很需要钱财，于是经不起不怀好意之徒的贿赂，受了一次贿赂，就像吸毒上瘾一样，多次接受贿赂，直到东窗事发才醒悟，可是已经晚了，大错已铸成。

【原典】

亲兄弟析箸，璧合翻作瓜分；士大夫爱钱，书香化为铜臭。

【出处】

清代金缨《格言联璧·敦品类》。

【译文】

亲兄弟分家，家产就会被瓜分。士大夫贪求钱财，就会使书香味化为铜臭味。

【故事解读】

析箸即分家。箸，筷子。明朝朱元弼《犹及篇》："沉益川腾蚊者，宪副秦川公伯子也。宪副晚而更置室，生子腾龙，析箸居。"清朝方文《寄怀齐方壶》诗："可怜半载丧二亲，弟兄析箸家酷贫。""打仗亲兄弟，上阵父子兵。"兄弟不和睦，小则吵吵闹闹，瓜分家产，形同陌路，大则兵戎相见，家破人亡。有一则谚语曰："家有一条心，黄土变成金。"家是人之巢、心之根、爱之源、情之本。一个家庭，骨肉缘、血乳恩、手足情、嫡系亲。家是一个安乐窝、避风港、稳定阀、聚宝盆。只有兄弟齐心协力，才能使家业兴盛，发展壮大。

【原典】

士大夫当为此生惜名，不当为此生市名。敦诗书，尚气节，慎取与，谨威仪，此惜名也。竞标榜，邀权贵，务矫激，习模棱，此市名也。惜名者，静而休；市名者，躁而拙。士大夫当为一家用财，不当为一家伤财。济宗党，广束修①，救荒歉，助义举，此用财也。靡苑囿，教歌舞，奢燕会，聚宝玩，此伤财也。

【出处】

清代金缨《格言联璧·敦品类》。

【译文】

士大夫当珍惜自己一生的功名利禄，不应该沽名钓誉。研究诗书，推崇气节，谨慎取舍，严肃威仪，这就是珍惜名誉。标新立异，攀附权贵，公众场合哗众取宠，习惯于模棱两可，是非不分，这就是购买名誉。珍惜名誉的人清静无为，追逐名利的人浮躁愚拙。士大夫应正当使用自己的财物，而不是随意地浪费。周济乡邻，提倡教育，赈济天灾人祸，扶助义举，这才是正当的用财。广置田产园艺，沉醉歌舞，积聚珍宝古玩，这就是浪费钱财。

【故事解读】

只有学会尊重自己，珍惜自己的名誉，才会得到别人的尊重。一个人如果连自己都不爱，他还会爱谁呢？要尊重自己的人格，

---

① 束修：十条干肉。修，即“脯”。后来多指送给教师的酬金。

珍惜自己的名誉，使自己的言行与自己的身份相符合，要做到宁静致远。懂得珍惜自己名誉的士大夫会潜心研读圣贤典籍，崇尚个人的气节，陶冶自己的情操，不贪恋荣华富贵，不徇情枉法，小心谨慎做事，考虑周全，懂得放弃贪欲，做人谨慎威严，光明磊落。

程季玲

【原典】

莫妒他长，妒长，则己终是短；莫护己短，护短，则己终不长。

【出处】

明代佚名《增广贤文》。

【译文】

不要嫉妒别人的长处（优点），嫉妒别人的长处（优点），自己的短处（缺点）更多；也不要维护自己的短处（缺点），维护自己的短处（缺点），自己的长处（优点）也发挥不出来。

【故事解读】

一只小象出门旅行，在路上碰到同路的小猪。小象说：“你的鼻子那么短，真是太好笑了，太差劲了。”小猪反驳说：“你的鼻子那么长，就像脸上长个尾巴，太丑了。”两个家伙来到苹果树下，小象用鼻子把苹果从树上摘下来，小猪一点办法也没有。吃完苹果，它们来到一片番薯地，小象怎么也挖不动土，一个番薯都取不出来。小猪说："看我的。"于是它用短鼻子在地里一拱就出来一个番薯。小象望着小猪拱出来的一堆番薯，非常佩服！

这个故事说明人各有所长，也各有所短。生活中不要拿自己的长处比别人的短处。我们应该善于发现别人的长处，补自己的短处。

【原典】

势不可尽使，福不可尽享，便宜不可占尽，聪明不可用尽。

【出处】

明代冯梦龙《警世通言·王安石三难苏学士》。

【译文】

权势不可滥用，福禄不可一味地享受，便宜不要一心想占，专门耍弄小聪明也不会有好结果。

【故事解读】

凡事都要留有余地，一旦走向极端容易惹出祸端。以清代和珅的人生轨迹印证：和珅初为官时，精明强干，乾隆皇帝宠其有加。和珅大权在握，又是皇亲国戚。私欲日益膨胀。他结党营私，聚敛钱财，无所不为。后来嘉庆皇帝下旨革其职，将其下狱，并赐其自尽。

【原典】

饭疏食，饮水，曲肱而枕之，乐在其中矣。不义而富且贵，于我如浮云。

【出处】

《论语·述而》。

【译文】

吃粗粮，喝冷水，弯着胳膊当枕头，乐趣也就在其中了。用不正当的手段得来的富贵，对于我来讲就像是天上的浮云一样。

【故事解读】

这是孔子思想的体现，讲在“富贵”和“义”发生矛盾时，宁愿贫贱而坚守“义”。孔子和大家一样，并不排斥富贵，且认为富贵是大家正常的追求，但要讲求仁义道德，违背仁义道德那就不可取了，君子是不会这样做的。

【原典】

有朋自远方来，不亦乐乎？人不知而不愠，不亦君子乎？

【出处】

《论语·学而》。

【译文】

有志同道合的人从远方来，不也很快乐吗？人家不了解我，并不因此恼怒，不也是君子吗？

【故事解读】

此条是孔子的修身格言。朱熹对此评价很高，说是“入道之门，积德之基”。“有朋自远方来”就是志同道合的人，从远方而来，交流求学的心得，探索为人的道理。在孔子眼中，修身与别人的知不知道没有关系。别人不了解，并不影响一个有修养的人的心境。“人不知而不愠”，已经进入消解名利的自在境界，这只有君子才能做到啊。在现实生活中，有些人唯我独尊，自以为是，孤芳自赏。今天看不起这个，明天看不起那个。殊不知你在原地踏步，别人在勤奋努力，早已超过了你！

【原典】

宁可清贫自乐，不可浊富多忧。

【出处】

北宋释道原《景德传灯录》。

【译文】

这句话的含义是宁可清贫快乐生活，不要不义之财忧愁度日。

【故事解读】

浊和清是相对的，浊表示不义之财来历不明。穷有穷的快乐，富有富的担忧。古代有个放牛娃家里很穷，可放牛娃在放牛时大声唱歌。村里有个财主靠剥削取得了大量的白银，无处存放，担心被强盗打劫，四十多岁的人活成七十多岁的模样。财主为了阻止放牛娃唱歌，特地让他捡到一锭银子。放牛娃高兴极了，把这锭银子藏在鸟窝里，每天都去偷偷掏鸟窝，看还在不在，也就不敢大声唱歌了。后来财主又拿走了这银子。但放牛娃想开了，认识到银子是捡的，本来就不属于自己，于是没有精神负担了，歌声便又响了起来。

【原典】

世上有两件事不能等：一、孝顺。二、行善。

【出处】

证严法师《静思语》。

【译文】

世界上有两件事不能等候或拖延，第一件事就是孝敬父母，第二件事就是做好事、做善事。

【故事解读】

父母生我养我，拉扯我长大，呵护备至，父母养育子女，并不求回报；作为子女的我们，要充满感恩之心。别等到树欲静而风不止，子欲养而亲不待。

范仲淹小时家境贫穷，心想将来若能出人头地，定要救济贫苦者。后来他当了宰相，便把俸禄拿出来购置义田，给贫穷无田地者耕作。有一次在苏州买屋，一位风水先生盛赞此屋风水极佳，后代必出公卿。范仲淹心想，既然此屋风水能使后代显贵，不如改为学堂，让苏州城里百姓的子弟入学，将来众人的子弟都能贤达显贵，较之自己一家的子弟显贵，岂不是更为有益吗？于是立刻把住宅捐出来，改作学堂，践行了年青穷苦时念念利益众生的初心。

【原典】

处事不必求功，无过便是功。为人不必感德，无怨便是德。

【出处】

明代洪应明《菜根谭》。

【译文】

做任何事用不着非要有功劳，没有过错就是功劳。做事用不着事事感恩报德，没怨恨就是德。

【故事解读】

此句出自明朝还初道人洪应明的《菜根谭》。意思是人生在世不要刻意去争取功劳，帮助别人不希望感恩戴德。道路狭窄时，让人一步；在享受时，给人一份。大丈夫应该建功立业。“水稻之父”袁隆平是一位耕耘者，当他名满天下的时候，却只专注于田畴，淡泊名利，喜看稻菽千重浪，最是风流袁隆平。原兰考县委书记焦裕禄，他不顾病痛折磨，亲自带领干部群众翻淤压沙，翻淤压碱，封闭沙丘，大规模栽种泡桐树。他拼命工作、艰苦朴素，带领干部群众改变了兰考县的面貌，是一位人民的好书记。

在中华民族这个大家庭里，有多少英雄不计名利，有多少仁人志士为中华民族的伟大复兴在贡献毕生精力。一个人要像蜡烛一样燃烧自己，照亮别人，要像太阳一样无私奉献。

【原典】

遇顺境，处之淡然，遇逆境，处之泰然。

【出处】

宋代苏轼《与谢民师推官书》。

【译文】

人处在顺境时，要淡定视之，不能得意忘形；遭遇逆境时，要安然自若，不要惊慌。

【故事解读】

在胜利的环境中要淡然处之，在不利的环境中不为动摇。简单说就是人应该不被胜利冲昏头脑，也不能为失败失去信心。对待失败或成功都要保持恒定淡然的心态。不应以一时的成功或失败妄自菲薄，无论何时心态都要豁达淡定。

真正的强者，善于在顺境中发现阴影，在逆境中找到光亮。人生无常，有时顺境有时逆境。逆境时要学会把逆境转向顺境。人生需要历练。

【原典】

多门之室生风，多言之人生祸。

【出处】

明代吕坤《呻吟语·修身》。

【译文】

门多的房间，有多方的风能吹进来。喋喋不休的人由于话说得太多，会给自己带来麻烦甚至惹出祸事。“言多必失，祸从口出，患从口入。”

【故事解读】

如果一个人不停地说话，喋喋不休，是有很多危害的。世上什么人都有，有时说错一句话，误会便会产生。言多必失是有道理的。海明威曾说：“我花了两年时间学说话，却花了六十年学闭嘴。”人与人相交不可乱说话，说话三思而后行，别人不尴尬，自己也赢得尊重。

【原典】

一个人的快乐，不是因为他拥有得多，而是因为他计较得少。

【出处】

来自网络。

【译文】

快乐是人类精神的一种愉悦，是一种心灵上的满足，是从内心由内到外感受到一种非常舒服的感觉。比如人的一种开心和高兴的状态。人的欲望是没法都满足的。我们拥有的总是远远少于我们想要的。不计较得不到的，珍惜已经得到的，才是真正的快乐。

【故事解读】

有的人天生快乐，有的人天生没有快乐。好多人在抱怨命运太捉弄自己，抱怨遭遇太多，坎坷太多，根本没有快乐可言。其实都错了：快乐、命运、遭遇没有直接的因果关系。快乐是一种生活状态。大度的人才会快乐，只有看开了一切才会快乐。一个人拥有的多，会勾出许多得失之患，带来的都是烦恼。如果一个人计较得少，事事都是快乐的心态，带给别人的也是快乐。在现实生活中，个别失足女青年把青春托付给一些富人，成为小三。她们的生活富有了，却违背了道德和法律，带来的是精神上的折磨和痛苦，为世人所唾弃。一个纯真少女的心充满了铜臭味，岂不羞耻和悲哀吗！真正懂得生活真谛的人，就要领悟生活态度带来的快乐，领悟活着的快乐生活的重要性。并不是对现状的不满，去永无止境地追求。要领悟人生的意义。

【原典】

身安不如心安，屋宽不如心宽。

【出处】

明代王守仁名句。

【译文】

不妄求则心安，不妄做则身安。这句话表达的思想是一种处世哲学。心宽是心胸开阔，对不如意的事情想得开。做人先修心，心的容量有多大，生活的道路就有多宽。

【故事解读】

心安处事，宽心做人，心才有家，人生才有路。《菜根谭》有言：“以宽容之心待人，心中容得万物。方能恩泽良之。”历史上蔺相如因为“完璧归赵”有功，封为上卿，位居廉颇之上。廉颇不服气，扬言要当面羞辱蔺相如。蔺相如极力回避退让容忍。群臣不服。蔺相如说自己身为上卿，要为国家安全着想，个人的恩怨要放在一边。廉颇深感惭愧，佩服其高瞻远瞩，宽宏大量，于是负荆请罪。这就告诉我们：要学会心宽处事，宽容对人。多一份包容，少一份计较，多一份释怀，少一些烦恼，岁月才会顺心而美好。

【原典】

生气，就是拿别人的过错来惩罚自己。原谅别人，就是善待自己。

【出处】

德国哲学家康德名句。

【译文】

生气是指别人说得不对或做得不对时所产生的一种情绪。生气等于拿别人的错误来惩罚自己。原谅别人，不仅能让别人释怀和愉悦，也会使自己因此快乐。只有以大度、温柔、宽厚、仁慈之心待人，才能开朗和愉快。这就是善待了自己。

【故事解读】

从大的方面讲，生气会导致冲动，一旦冲动，就会做出平时不敢做的事或不愿做的事来。有的罪犯就是一时冲动毁掉了自己一生。从小的方面讲，生气对自己身体的伤害很大，书上说，气是百病之源。

原谅是一种美德、一种修养、一种智慧，还是一门艺术。学会原谅就是善待自己。俗话说："树怕伤根，气大伤身。"用宽容的心态欣赏每个人的优点，就会发现世界很美，阳光很灿烂，你的心情也很明媚。现实生活中，当你选择了原谅，你就放过了别人，也放过了自己。怎样原谅呢？要心胸开阔，换位思考，心怀感恩，不受外界干扰，不纠结别人对自己的不好，心悦诚服、原谅别人。人无完人，孰能无过？当然沟通是必需的，开诚布公也是必要的。得饶人处且饶人，世界上最难能可贵的是原谅。

程敏

【原典】

取长补短，合作共赢。

【出处】

《劳动报》2005 年 2 月 4 日。

【译文】

用人单位要有全局观念，人无废人。根据各人长处，合理安排，方能留住人、做好事。

【故事解读】

去过庙的人都知道，一进庙门，首先是弥陀佛，笑脸迎客。在他的北面，是黑口黑脸的韦陀。相传在很久以前，他们并不在同一个庙里，而是掌管不同的庙。弥陀佛热情快乐，所以来的人越来越多，但他什么都不在乎，丢三落四，没有很好地管理财务，结果入不敷出。韦陀虽然管账是一把手，但成天阴着个脸，太过严肃，来的人越来越少，最后香火断绝。

佛祖在查香火的时候发现了这个问题，就将他们俩放在同一个庙里。由弥勒佛负责公关，笑迎八方来客，于是香火大旺。而韦陀铁面无私，锱铢必较，则让他掌管财务，严格把关。在两人的分工合作下，庙里一派欣欣向荣的景象。

其实在用人大师的眼里，没有废人，关键看如何运用。

【原典】

静以修身，俭以养德。

【出处】

三国时期诸葛亮《诫子书》。

【译文】

君子的行为操守，以宁静来提高自身的修养，以节俭来培养自己的品德。不恬静寡欲无法明确志向，不排除外来干扰无法达到远大目标。

【故事解读】

三国时杰出的政治家、军事家诸葛亮官居蜀国宰相，位一人之下、万人之上，但他事奉节俭，力戒奢侈。他的家里仅存钱800铢，作为妻室儿女的生活来源。他本人的衣食用度，由朝廷配给，俸资之外，分文不取。更为难得的是，他在暮年立下了这样的遗嘱："若臣死之日，不使内有余帛，外有赢财。"据史料记载："及卒，如其所言。"诸葛亮在《诫子书》中写道："静以修身，俭以养德，非淡泊无以明志，非宁静无以致远。"

詹丽琴

【原典】

题诗寄汝非无意，莫负青春取自惭。

【出处】

明代于谦《示冕》。

【译文】

我写这首诗寄给你不是没有用意的，希望你不要辜负了大好时光，免得将来自己感到惭愧。

【故事解读】

于谦在担任山西巡抚时，有一次忽然接到家信，信中说几天后就是他的长子于冕的生日，希望他有所表示。于谦看了这封信后才想起来，上次家中来信已经提及此事，只因自己政务繁忙，竟把这件事忘记了。当时于冕不在他身边，随祖父祖母在钱塘老家居住。为了庆贺儿子的生日，于谦便给于冕写下了这首诗，“阿冕今年已十三，耳边垂发绿鬖鬖。好亲灯火研经史，勤向庭闱奉旨甘。衔命年年巡塞北，思亲夜夜想江南。题诗寄汝非无意，莫负青春取自惭。”诗写得浅显易懂，亲切感人。作者诗中自始至终都没有要求儿子去做什么，却达到了教育子女的目的。

【原典】

立身以立学为先，立学以读书为本。

【出处】

北宋欧阳修《欧阳文忠公文集》。

【译文】

以读书来修身，应该以学习为最首要的任务；如果要教授学问，则应该以书本上的知识为根本。通俗地说，修养品行从学习开始，学习以读书为根本。

【故事解读】

张载，字子厚，北宋思想家、教育家、理学创始人之一。因其家住陕西郿县横渠镇，又曾在那里讲学，所以学者称其“横渠先生”。张载少年时期，西夏常常侵扰西北边境，给当地百姓带来极大的灾难。“慨然以功名自许”的张载，决心习练兵法武艺，以便收复失地，来保护一方百姓。三十八岁考中进士，获得了从政的机会。在任云岩县令时，每逢月初，他总要设宴邀请四乡长老到衙门聚会，从中了解民间疾苦，阐述养老敬老的意义，并教育青年，因而深受百姓的爱戴。其“为天地立心，为生民立命，为往圣继绝学，为万世开太平”的名言，被称作“横渠四句”历代传颂不衰。

【原典】

方如行义，圆如用智。

【出处】

唐代李泌《咏方圆动静》。

【译文】

为人方正犹如践行道义，处事圆通犹如运用智谋。这是指做人、做事的较适当的原则和方法。“方”就是人格独立、灵魂正直，是立世之本，为人应该在“内方”上下功夫。“方”离开“义”字不行，必须胸怀大义。“圆”是一种豁达、一种大度、一种宽厚、一种善解人意、一种与人为善。

【故事解读】

五代时期著名的宰相冯道，历经五代十国十代君王，世称“十朝元老”，在时事变乱的八十余年中，始终担任将相、三公、三师之位，就像不倒翁一样始终不倒。论品格，清廉、严肃、淳厚、宽宏，无懈可击，论才识，深谙中庸处世之道，深浅有度、中正平和、大智若愚。冯道有诗云：“莫为危时便怆神，前程往往有期因。须知海岳归明主，未必乾坤陷吉人。道德几时曾去世，舟车何处不通津。但教方寸无诸恶，狼虎丛中也立身。”

【原典】

观天地清虚，学圣贤直道。

【出处】

清代金缨《格言联璧·学问类》。

【译文】

从天地万物中感悟到淡泊清净虚空高雅的品行，向圣贤君子学习忠诚正直的道理。

【故事解读】

管宁，字幼安。183 年（东汉光和元年），平原人华歆慕管宁之名，千里来访，二人一见如故，成为好友。有一次，二人一起“锄园得金”，管宁视之如瓦砾，弃于一旁。还有一次，二人“同席读书”，有位达官显贵坐着豪华的轿子从外面路过，他置若罔闻，照旧专心致志地读书，华歆却面露慕色，跑出去看。华歆回来后，他把席割开，与华歆分开坐，并说“子非吾友也”，此即传为佳话的“锄园得金”“割席断交”。

苏武在天汉元年奉命以中郎将身份持节出使匈奴，被扣留。匈奴贵族多次威胁利诱，欲使其投降，苏武在极为恶劣的环境下，不畏强权，甘受苦寒十九年，捍卫的是民族气节和汉朝的尊严，在忠于国家和民族上一点也不让步。班固称赞苏武“有杀身已成仁，无求生以害仁”。

【原典】

甘于宁静，必能致远。

【出处】

《浙江日报》2019 年 7 月 1 日，张彩君文。

【译文】

意思是只有心境平稳沉着、专心致志，才能厚积薄发、有所作为。

【故事解读】

《诫子书》是诸葛亮 54 岁时写给他 8 岁儿子诸葛瞻的一封家书。该书既是诸葛亮一生经历的总结，也是对他儿子的要求。从文中可以看出诸葛亮是一位品格高洁、才学渊博的父亲，对儿子的殷殷教诲与无限期望尽在此中。全文通过智慧理性、简练谨严的文字，将普天下为人父者的爱子之情表达得非常深切，成为后世历代学子修身立志的名篇。古代家训，大都浓缩了作者毕生的生活经历、人生体验和学术思想，不仅作者的子孙从中获益颇多，就是今人读来也大有可借鉴之处。《诫子书》可谓一篇充满智慧之语的家训，是古代家训中的名作。

黎珍敏

【原典】

信言不美，美言不信；善者不辩，辩者不善；知者不博，博者不知。

【出处】

老子《道德经·八十一章》。

【译文】

真实可信的话不漂亮，漂亮的话不真实。善良的人不巧说，巧说的人不善良。真正有知识的人不卖弄，卖弄自己懂得多的人不是真有知识。

【故事解读】

有骗子供述，自己向空巢老人推销保健品。做到每天 8 小时陪伴、过年过节嘘寒问暖，甚至比亲闺女亲儿子还亲。老人把骗子当亲人，结果积蓄被骗光。

岂不知：诚实可信的话，用不着去刻意装饰；美好动听的言语，往往都是不可靠的。真正的好人，不会花言巧语；巧舌如簧的人，往往不是什么好人。正如聪明的人，不一定博学；见多识广的人，未必就有智慧。

【原典】

江海之所以能为百谷王者，以其善下之，故能为百谷王。

【出处】

老子《道德经·六十六章》。

【译文】

江海之所以成为天下河流交汇之地，是因为它善于居下。

【故事解读】

“海纳百川，有容乃大；壁立千仞，无欲则刚”，这是清末林则徐任两广总督时在总督府衙题书的堂联。亦是同理。

人道和天道是一样，你越是把自己摆在下面，大家就越尊重你；你越是把自己摆在上面，大家就越瞧不起你。

做人如此，治国也可以借鉴，吸纳百家优长、兼集八方精义。一个国家各个领域都兴旺发达，能接纳不同的思想、政治、经济、文化、艺术等，才能高度文明。

【原典】

君子过也，如日月之食焉：过也，人皆见之；更也，人皆仰之。

【出处】

《论语·子贡》。

【译文】

君子的过错，就像日食月食一样：有过错时，人人都看得见；改正时，人人都仰望。

【故事解读】

西晋时的周处，年轻时，为人蛮横强悍，任侠使气，被当地视为如河中蛟龙、山中白虎一样的祸害。他历经三天三夜奋力杀死了老虎和蛟龙，人们以为周处也死了，便高兴地敲锣打鼓，可没想到周处又回来了，听大伙都在庆祝三害，才明白自己也是三害之一，于是，他痛改前非，终于成为一代忠臣。

人无完人，金无足赤。孔子也说“人非圣贤，孰能无过；知错能改，善莫大焉”，还有俗语“浪子回头金不换”。

【原典】

人而好善，福虽未至，祸其远矣。

【出处】

东汉徐子《中论·修本》引曾子言。

【译文】

善良的人福报虽没有及时来到，却远离了灾祸。

【故事解读】

在知乎上曾见过一个故事：2014 年的冬天，吉林的一对夫妇晚上骑摩托回家，路过某路口发现一男子趴在雪地里一动不动。当时冬天也有零下三十度，有过人醉卧雪地一夜冻死的先例。当丈夫的觉得多一事不如少一事，想走。妻子觉得这么晚行人也不多，他们如果走了的话，留着这男子没人管怕不是会被冻死，就上前看看能不能把人带走，结果，把人翻过身一看脸是她亲哥。

人世间的所有幸运，都来自你积攒已久的福报。你若善良，命运自会为你排忧解难。你若温柔，自然会感受到和风细雨。一直善良下去，只问自心，不问得失，一路芬芳，已在你的身后跟随。

【原典】

走自己的路，让别人说去吧。

【出处】

意大利文学家但丁的代表作长诗《神曲》。

【译文】

坚定自己的信念，不被别人的只言片语左右。

【故事解读】

一对父子牵着驴上街，两人都步行，有人说他们脑袋笨；儿子骑，有人说儿子不孝顺；父亲骑，有人说父亲太狠心；父子同骑，有人说他们不爱驴；最后，父子只好抬着驴回家了。

人，不能活在别人的议论之中。要敢于坚持，如果认定一个正确的方向，就不要管别人怎样说三道四，更不要因为别人的说法而改变自己原有的立场。如果自己没有主见和定力，处处为别人的言行所左右，只能干出“父子抬驴”的傻事。

【原典】

不与烂事纠缠，不与烂人争辩。

【出处】

明代王守仁名句。

【译文】

生活中，我们难免遇到形形色色愚蠢的人和事。最好的方式是：无视烂事，远离烂人。不是害怕，也不是担心胜不了，而是没必要与之纠缠。

【故事解读】

林肯说：“与其跟一只狗争路，不如让它先走一步。因为打败一只狗并不光荣，但被狗咬到一口却很倒霉。”这时的退让是一种智慧。

“将军有剑，不斩苍蝇。”不要浪费时间在生活中的微不足道的小事上，即使你在意，也不会有什么结果。

人生苦短，没必要为无关紧要的事和人浪费时间。不要用别人的错误惩罚自己，更不要为别人的愚蠢买单。

【原典】

不攀比他人，活出自己的精彩。

【出处】

来自网络。

【译文】

不和别人攀比，自己的生活应该有自己的精彩。羡慕别人，而忽略自己幸福的生活，弄得自己很痛苦。岂不知他人的幸福，也许并不适合你，也许你也是别人羡慕的目标。过好自己的日子，享受自己的生活，活出自己的精彩。

【故事解读】

鹦鹉遇到乌鸦，笼中的鹦鹉安逸；野外的乌鸦自由。

鹦鹉羡慕乌鸦自由，乌鸦羡慕鹦鹉安逸，二鸟便商议互换。

乌鸦得到安逸，但难得主人欢喜，最后抑郁而死；鹦鹉得到自由，但长期安逸的生活，让它不能独立生存，最终饥饿而死。

【原典】

换个角度看问题。

【出处】

法国罗丹名句。

【译文】

人生路上难免有许多的不尽人意，但我们不要死钻牛角尖。换个角度看问题，有时会使沮丧、绝望的人看到希望，如同俗语所说“树挪死，人挪活”，“塞翁失马焉知非福”。

【故事解读】

中国有一位著名的国画家俞仲林擅长画牡丹。有一次，某人慕名要一幅他亲手绘的牡丹，回去以后，高兴地挂在客厅里。此人的一位朋友看到了，大呼不吉利，因为这朵牡丹没有画完全，缺了一部分，而牡丹代表富贵，缺了一角，岂不是“富贵不全”吗？此人一看也大为吃惊，认为牡丹缺了一边总是不妥，拿回去准备请俞仲林重画一幅。俞仲林听了他的理由，灵机一动，告诉买主，既然牡丹代表富贵，那么缺一边，不就是富贵无边吗？那人听了他的解释，觉得有理，高高兴兴地捧着画回去了。同一幅画，因为心态不同，便产生了不同的看法。

凡事都应持一种积极的心态，往好处想，不要看什么都不顺眼，要学会换个角度看问题，这样就会少些烦恼、苦痛、牢骚，多些欢乐、平安。

【原典】

细节决定成败。

【出处】

美国罗曼·文森特·皮尔名句。

【译文】

“合抱之木，生于毫末；九层之台，起于累土；千里之行，始于足下。”可见，任何一次成功都离不开细节。一根铁链，最脆弱的一环决定其强度；一个木桶，最低的地方决定其容量；而一个人，最差的品格决定其发展！

因此，做事，要从小事做起、做好；做人，要记住“勿以善小而不为，勿以恶小而为之”。

【故事解读】

每一件事情都是有无数个小的细节组成的，每一个细节都很重要。有名的“蹄铁效应”就说明了此理：如果丢掉一只铁钉就会丢掉一个蹄铁，丢掉一个蹄铁可能失去一个马蹄，丢掉一个马蹄可能失掉一匹战马，丢掉一匹战马可能会丢掉一个将军，丢掉一个将军可能就失去一场战争，由于这场战争非常关键，丢掉一场战争就可能会失掉一个国家。一个小铁钉的问题，由于处理不当，可能导致国家的灭亡。